よみがえるふるさとの歴史 9

宮城県女川町・石巻市

仙台藩の御林の社会史

三陸沿岸の森林と生活

高橋 美貴

もくじ

はじめに

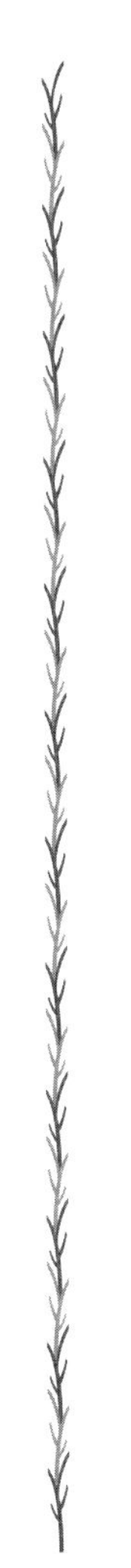

『木村家文書』のレスキュー

平成二十三年（二〇一一）五月十二日、私は宮城歴史資料保全ネットワーク（以下、宮城資料ネット）の事務局長で友人の佐藤大介氏（現東北大学災害科学国際研究所・准教授）の運転する車で女川町（おながわちょう）に向かっていました。東日本大震災から二ヶ月ほど経った日のことです。

震災から、わずか一ヶ月も経たないうちに、宮城県では宮城資料ネットなどを中心に、被災した歴史資料のレスキュー活動が始まっていました。一方の私は、東京にいながら、「私にできることはないか」と半ば焦りにも似た感情を抱きつつ、なにはともあれ資料レスキューのお手伝いに向かおうと佐藤氏に連絡をとりました。そして、「女川町で被災古文書の一部が回収されたので、レスキューを行う。」という情報を得て、同行することになったのです。

石巻（いしのまき）を経て、女川に向かう道中は、おそらく生涯忘れることがないであろう衝撃的な光景が広がっていました。回収された古文書が一時保管されている女川町の仮役場に到着したのは、その日の午後三時過ぎだったと思います。仮役場は、避難所になっていた女川町総合運動場にある総合体育館脇のプレハブに設置されていました。心意気とは裏腹に、東京から来た自分がどのような表情をすべきなのかが分からず、避難所の様子や雰囲気に呑まれながら佐藤氏の後をうつむいたまま仮役場に向かいました。そこに置かれていたのは、意外なほどきれいな一箱の茶箱でした（図１）。中身は、江戸時代に牡鹿郡（おしかぐん）女川組の大肝入（村々の広域行政を担当する役職）を務め、明治時代には同町の戸長や牡鹿郡会議員を務めた同町横浦・木村家の古文書でした。

この古文書が保護された経緯は驚くべきものでした。これらの古文書は木村家の土蔵に保管されていましたが、津波に際して茶箱ごと流出してしまいます。ところが、津波から一ヶ月以上経った四月二十七日、奇跡的にそのなかのひと箱が横浦（よこうら）の対岸にある塚浜（つかはま）の集落に流れ着いていたところを発見されたのです。被災した自宅の敷地で茶箱を見つけた住民の方が、中に古文書が入っていることに気づきました。なにか大切なものではないかと考え、たまたま通りがかった赤帽さんに託して、仮役場に届けてくださったのでした。まさに奇跡としか言いようがない形で回収された古文書だったのです。

図１　レスキューされた木村家文書

被災の跡を感じさせない箱でしたが、開けてみると、中の古文書は海水にびっしょりと浸っており、早急な処置が必要でした（図2）。宮城資料ネットでは、これをひとたび冷凍して古文書の劣化を防いだうえで、世界最大の真空凍結乾燥機をもつ奈良文化財研究所に送りました。真空凍結乾燥機は、カビの増殖を防ぐためにマイナス三〇度以下で冷凍した被災文書を、真空状態で乾燥させ、水分を気化させることのできる装置です。普段は遺跡から出土した木製品の保存修復に使われています。奈良文化財研究所では、東日本大震災を受けて、これを被災した古文書などの保存にも活用してくださることになりました[1]。

図2　海水に濡れた木村家文書

三陸地方の歴史と森林

レスキューされた『木村家文書（きむらけもんじょ）』は、元々三箱あった茶箱のうちの一つ、古文書の点数にしてわずか一〇五点にすぎませんでした。その構成は、大肝入として関係業務を記録した御用留や地域の人びとを把握した人別帳などが数点含まれるほか、山林・土地の売買証文、近代戸長関係文書などから成っています。そのなかで、箱のなかの一番上に置かれていた一冊の帳簿が目にとまりました[2]。表紙がとれてしまっていますので、タイトルは分かりません。ただ、中身を見てみると、

（1）『朝日新聞』平成二十三年（二〇一一）四月二十一日および宮城資料ネット・ニュース一四七号「奈良への旅　津波被災資料の凍結乾燥処理」（佐藤大介）を参照。

現在の女川町の北東部に突き出た半島部の先にある出嶋(いずしま)（図3）という島の、しかも森林に関わる古文書であることが分かりました。仙台藩の三陸沿岸には、しばしば御(お)林(はやし)と呼ばれる藩の領有する森林が設置されていたのですが、この古文書も同島に設置された御林に関わる記録でした。

女川町に残された古文書ということで、あるいは漁業に関わる歴史資料がさぞや多く含まれているのでは、と思われる方もいらっしゃるかもしれません。もちろん、そのような古文書が残されていないわけではないのですが、沿岸地域に残された江戸時代の古文書を見ていてしばしば感じるのは、「森林に関わる古文書がけっこう多いな」ということです。それはいったいなぜなのでしょうか？

三陸沿岸は太平洋に面する一方で、後背地には海に向かって迫る森林を抱えた地域が少なくないことを考えれば、それは当然のことなのかもしれません。また、沿岸部は森林を育てるうえで、都合のよい場所でもありました。海や川が近くにあるために、伐採した材木や薪などを運搬するうえでも便利だったためです。沿岸部に、しばしば藩有林である御林が設置されたのも、ひとつには、そのような伐出・運搬の利便性と無縁ではありませんでした。さらに、海岸に面した沿岸部には水産加工業や製塩業な

（2）宮城県牡鹿郡女川町『木村家文書』史料番号一―一〇五。

ど燃料消費型産業もあり、薪炭などの需要が高かったことも影響していたでしょう。こうして、沿岸部には森林の利用や管理に関わる古文書が残されることになりました。

これまで、三陸地方沿岸地域の歴史は、漁業などに代表される海や川で営まれる生業によって特徴づけられてきました。しかし、三陸沿岸地域は、海や川に基盤を置いた生業世界とともに、沿岸部に広く存在する森林に基盤を置いた生業世界を同時に併せ持ってもきたのです。三陸沿岸地域の歴史を復元していくうえで、海や川のみならず、森林と森林をめぐる生業世界もその対象として組み込んでいく必要があるということになります。この本で考えてみたいテーマも、ここにあります。

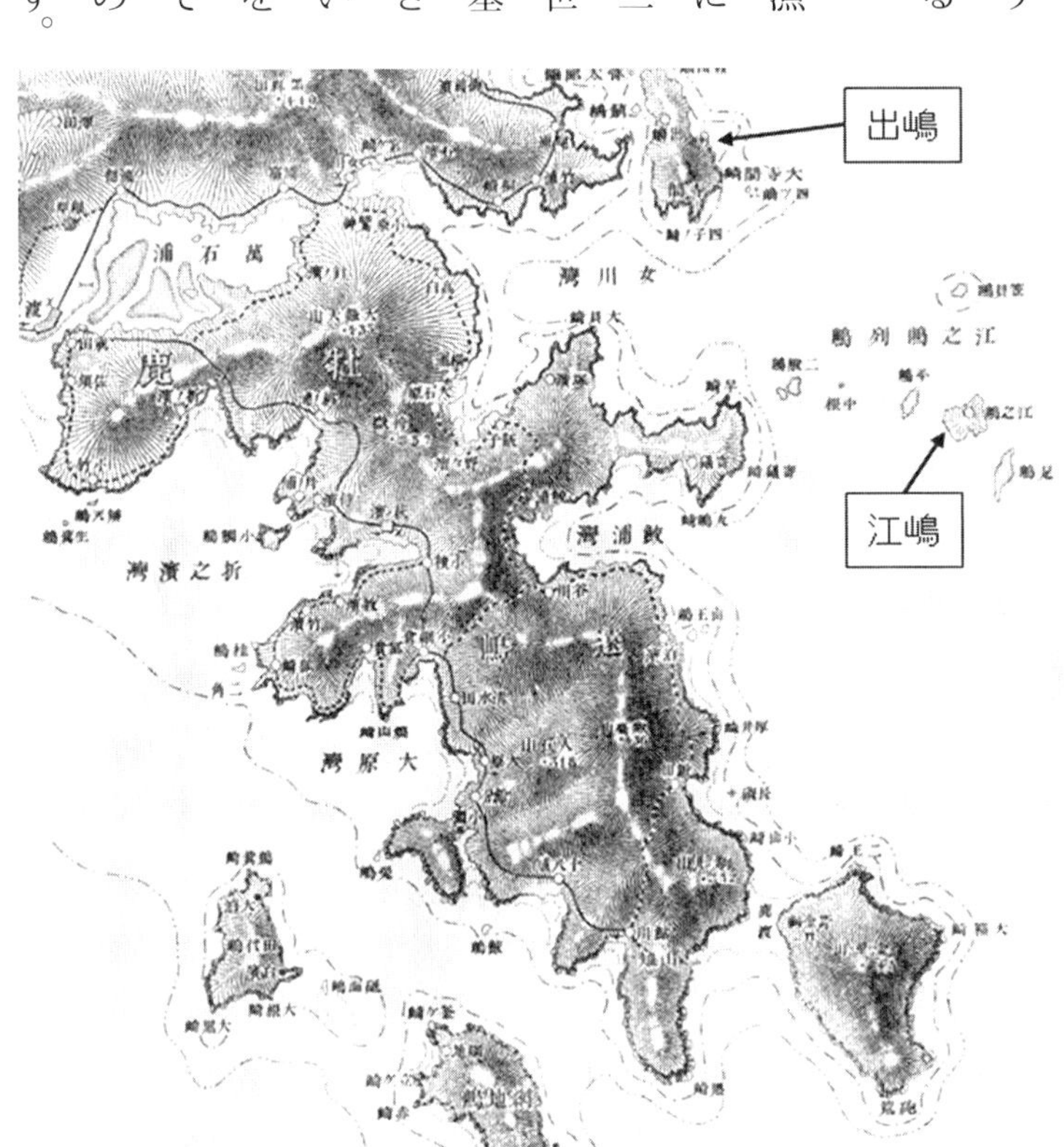

図3　出嶋周辺地図

これらの森林は三陸沿岸地域にとってどのような役割をもっていたのか？　これらの森林の利用や管理はどのように行われていたのか？　これらの森林に藩はどのように関わり、どのような制度が存在していたのか？……などなど考えなければならない課題が次々と浮かんできます。

もちろん、このようなテーマを考えるためには、『木村家文書』に残された一冊の帳簿だけからでは困難です。そこで本書では、『木村家文書』から見えてくる問題を出発点として（第一章）、他の沿岸地域に残された、あるいは残されていた古文書なども合せて使いながら（第二章では石巻市追波湾沿岸地域をとりあげます）、このようなテーマに迫ってみたいと考えています。ただし、その際、資料の残存状況なども勘案して、とくに沿岸部に設けられた御林に焦点を絞って考察を進めていくこととし、このような御林が沿岸地域で果たした役割やその利用・管理に関わる藩の制度・政策にも視野を拡げていきます（第三章）。これらの作業を通して、三陸沿岸における森林景観の背後にどのような歴史的な物語を読み取ることができるのかを考えてみたいというのが、本書のねらいです。

第一章　「出嶋御林記録」

本章では、まず『木村家文書』に残された出嶋の御林に関わる古文書を紹介し、御林の様子や利用・管理についてのイメージづくりをすることから始めましょう。

先ほど述べたように、この帳簿からは表紙が欠落していますので、まずは仮の名前をつけなければなりません。この帳簿は、一七世紀末から一九世紀前期にかけての、御林の利用や管理について書き記した記録ですので、以下では「出嶋御林記録（いずしまおはやしきろく）」と呼ぶことにしましょう。江戸時代の出嶋には、高松香山（たかまつこうやま）、中砂嶺山（なかすなみねやま）、中崎山（なかざきやま）という三つの御林が設置されていました。一九世紀初めの記録では、三ケ所まとめて、長さ九町（約九八二メートル）・横四丁半（約四九一メートル）で、坪数一三万五〇〇坪（約四三ヘクタール）を占めていました。出嶋それ自体の面積がおよそ二六八ヘクタールですので、島の面積の五分の一が藩の御林によって占められていたことになります[3]。島の森林景観に決定的な影響を与えるだけの比重を占めていたといってよいでしょう。以下では、この三つの御林をまとめて、出嶋御林（いずしまおはやし）と呼ぶこととします。では、この「出

（3）もちろん、同島には、村の入会山や地付山と呼ばれる百姓の持つ森林（現代風にいえば私有林）、居久根と呼ばれる屋敷林などもありましたが、残念ながらそれらが占めた面積は分かりません。

嶋御林記録」には、どのようなことが記録されているのでしょうか。

一　萱から松へ

出嶋御林と萱　この帳簿は、元禄十年（一六九七）十二月に、出嶋御林で萱（かや）の払い下げを地元村である出嶋が受けたという記録から始まります。萱は、いうまでもなく屋根を葺く材料などとして用いられたイネ科の植物です。払下げを受けた萱場は御林全体ではなく、そのなかの一部二ヶ所で、一ヶ所は約一、五ヘクタール、もう一ヶ所は約〇、三ヘクタールの広さでした。もちろん払下げは無料ではなく、出嶋は七〇〇文[4]を藩に納めています。一七世紀末に出嶋御林の一部が地元村に払下げられて、萱場として利用されていたことが分かります。

実は、出嶋御林での萱場の払下げは、これ以前の宝永二年（一七〇五）には行われていたことを別の資料から確認できます[5]。そこには、この年の九月二十六日に、出嶋の南方に位置する江嶋（図3）で火災があり、その二日後の二十八日に江嶋の島民が大挙して出嶋に到来、出嶋の御林や地付山[6]で萱を刈り取り奪い去ったと記されています。江嶋の島民がこのような行動に出たのは、焼失した家屋の再建のために急きょ大

（4）銭一文は、米の値段を基準にすると現在の九円ほど、賃金水準をもとにすると四八円ほどに相当するといわれています（渡辺尚志『武士に「もの言う」百姓たち 裁判でよむ江戸時代』草思社、二〇一二年）。七〇〇文は、前者であれば六七〇〇円ほど、後者であれば三万三六〇〇円ほどとなります。

（5）宮城県牡鹿郡女川町『須田家文書』史料番号一―六―一二。ここからは、『須田家文書』一―六―一二という形式で記載します。

（6）地付山は、百姓の持つ森林（現代風にいえば私有林）を指します。

量の萱が必要になったためでしょう。出嶋は厳重に抗議しますが、その翌日には再度、江嶋の島民が萱を刈り取ろうとやってきて、出嶋の村びとに取り押さえられています。こうして出嶋はこの事件を領主に訴え出ることになるのですが、その訴状によると、出嶋御林の萱場は、出嶋の島民が毎年金銭を領主に納めて萱を刈り取っているヤマだと記されていますので、すでにこの頃には出嶋御林で萱場の払下げが行われていたことが分かります。

後ほど述べますが、出嶋はこののち享保十四年（一七二九）年まで、毎年欠かさず萱場の払下げを受けていました。出嶋御林は出嶋にとって萱を採取するヤマとして不可欠な役割を果たしていたのです。このような萱場では毎年火を入れて山焼きをするのが一般的ですので、おそらく出嶋御林でも山焼きが行われ萱場が維持されていたものと考えられます。

もちろん、出嶋御林の萱場は出嶋島民によって厳しく管理されてもいました。宝永三年（一七〇六）には、同島百姓の七郎左衛門（しちろうざえもん）子・左伝次（さでんじ）ら五人が出嶋御林内の中崎山（以下では、出嶋御林（中崎山）という形式で記載します）で萱二駄（約二七〇キログラム）を盗み刈りして罰金を課されています。出嶋の村びとも自由に萱を刈り取ることができたわけではなく、刈り取りの時間なり資格なりが定められていたのです。

松林の育成　さきほど述べたように、出嶋は享保十四年まで出嶋御林で萱場の払下げを受け続けていました。もっとも、この間、変化が無かったわけではなく、もともと二ヶ所あった萱場が正徳三年（一七一三）以降は一ヶ所になっています(7)。この頃になると、出嶋では、萱の調達のために出嶋御林から萱場の払下げを受ける必要がなくなりつつあったようです。地付山や村の共有林など御林以外の山野から調達する分で必要量を賄えるようになっていたのかもしれません。実際、享保九年（一七二四）には、出嶋の共有林（麁山（そやま））に設置されていた萱場を畑地に開発することが同島から出願されています(8)。この頃には、萱場をつぶして畑地を増やすことが可能になっていたことが分かります。

ここで注目されるのは、これと合わせるように、一八世紀初めから出嶋御林の育林に関わる記述が増え始めることです。「出嶋御林記録」で萱場以外の記事が初めて登場するのは宝永五年（一七〇八）五月で、出嶋御林（中崎山）で「いこち節」（意固（いこ）地節（じぶし））のある松二本が伐採されたという記事でした。節は、樹木を材に加工した際に

（7）また、もともと七〇〇文であった御払代も、宝永六年（一七〇九）―享保三年（一七一八）は三〇〇文になり、享保四―五年にはひとたび三五〇文に増えますが、同六―八年には再度三〇〇文に、さらに享保九―十四年には一五〇文に引き下げられています。御払いを受ける萱場の面積も縮小していたのかもしれません。

（8）『須田家文書』一―一〇―一。

枝の生えていた付け根の部分に残ってしまう跡のことを指しますが、意固地節ですから、よほど大きな節が残ることが予想される材を指した言葉だと思われます。実際、帳簿のなかには「曲節」という言葉もよく出てきます。このとき藩は、材としての価値を損ねてしまう節をもった松二本の伐採を出嶋に命じ、それを藩庁で使う御楊枝木、つまり楊枝に加工するための材として納めさせたのです。一方、伐採を命じられた出嶋は、幹以外の枝や末木(うらき)にについて[9]一五〇文で払い下げを受けています。出嶋がそれを何に使ったのかは記されていませんが、こののちの動向を見ると、おそらく薪、つまり燃料として利用したものと思われます。また、同年には、出嶋御林（中砂嶺山）からも曲節のある松二本の伐採が命じられ、御楊枝木として上納されています。このときは記載がありませんが、やはり末木などの端材は地元出嶋に払下げになったものと考えられます。出嶋御林では、この頃から、曲節をもった優良な材にならない松の選伐が藩によって始められていたのです。

このような動きはつづく享保期、とくに一七二〇年代に入ると、よりはっきりとしてきます。というのも、享保七年（一七二二）四月に、出嶋御林（中崎山）における松林の育成（「御取立」）が藩の方針として明示されるようになるためです。こののち

（9）樹木の先の方の端材。

藩は、御林で松林を育成するため、松以外の樹種を一定の運上金と引き換えに地元村に伐採を請け負わせるようになっていきます。松を除いた樹木を地元村に払下げ始めるのです。

なお、このとき藩が「御取立」を進めた松は「椴松（とどまつ）」と記されていました。しかし、トドマツの自生区域は北海道などもっと北方ですので、この時期の三陸沿岸にトドマツが自生しているというのは奇妙です[10]。のちほど紹介する明治四十四年（一九一一）に農商務省水産局から刊行された『漁業ト森林トノ関係調査』という報告書によりますと、出嶋の植生は、鬱蒼とした赤松林だったと記されています。とすると、「椴松」という文字は使われてはいますが、これはトドマツ（マツ科モミ属）ではなく、おそらくアカマツ（マツ科マツ属）を指すものであったと思われます。宝永五年の記事に出てきた松も、おそらくアカマツと考えられます。

このことを確認したうえで、もう一度、帳簿の中身に戻りましょう。享保十年（一七二五）と翌十一年の十一月には、出嶋御林（中崎山）の松林「御取立」のため、枝打ち・下草刈りと不良木の伐採が行われ、それら伐採された悪木や枝・下草が出嶋に払下げになっています。享保十年の二月には、松の細木六〇本の伐採が命じられ、

（10）東京農工大学農学部・星野義延氏（植物生態学）のご教示によります。ただし、本書執筆上の責任は、すべて筆者にあります。

その際に出た枝が出嶋に払下げになっています。松林の育成を目的とした手入れが着実に進められるとともに、間伐も始まっていたことが分かります。享保十九年四月九日の記録では、出嶋御林（中崎山）の「常式御払方」のための入札が行われ、金一切（ひときれ）と代三〇〇文で払下げが行われたと記されています。[11] この頃になると、「常式御払方」、つまり御林の下草や枝などの御払いが定期的に行われるようになっていること、しかもそれが入札、つまりその伐採権が入札にかけられ、高額の入札を行った者にその権利を与える制度が取り入られていたことが分かります。入札制度が導入されていますので、落札者は地元・出嶋以外の者になる可能性もあるのですが、出嶋以外の者が落札したという記載はありませんので、おそらく出嶋への払下げが続いていたものと思われます。

（11）金一切は金一歩（一両の四分の一）に当たります。金一両は米の値段を基準にすると五万五千円ほど、賃金水準をもとにすると三〇万円に相当するといわれており（渡辺尚志二〇一〇）、金一切はその四分の一の価値があったということになります。

二　御林からみた藩と村

御林と水産業　では、出嶋に御払いとなった下草や枝などは、いったい何に使われていたのでしょうか。それを明らかにできる記述はほとんどないのですが、わずかながらヒントはあります。享保十四年四月二十二日に、出嶋御林（中崎山）から「鰹煮干薪」、つまりカツオブシを加工するための薪が金一切で出嶋の者たちに払下げられたという記事があるためです。こののち享保十六年五月七日、同年九月二十日、さらに元文二年（一七三七）十一月二十四日にも、出嶋御林（前者は中崎山、後者は高松香山）からカツオブシ製造用の薪が払下げられています。しかも元文二年の記録では、御林で松林の育林を進めるために下草を刈らせ、それをカツオブシ製造の燃料として払下げたと記されていますので、この頃の出嶋では、刈り取られた御林の下草がカツオブシ製造用の燃料として使われていたことが分かってきます。実は、この頃の出嶋では蛸釣漁船の数も急速に増加しており[12]、一八世紀前期は同島における水産業・水産加工業の発展期に当たっていたのです。燃料需要の増加もそれと連動したものだったといえそうです[13]。

仙台藩領内の沿岸部におけるカツオブシ生産は、一七世紀後半に気仙郡（けせんぐん）の唐桑半島（からくわはんとう）（図4）で始まっていましたから、出嶋でカツオブシ生産が始まったのは、一七世紀後半から一八世紀前期の間だったことになります。カツオブシの生産には多くの燃料が不可欠です。出嶋の場合には、その燃料（少なくとも、その一部）が島内の御林から供給されていたのです。

(12)『須田家文書』一―五―五。

(13) なお、出嶋では、こののちカツオブシ生産が少なくとも幕末まで続いていきます（『丹野家文書』一―三―二―四、『須田家文書』一―三―二―四、同一―二―一〇など）。

これを藩の側から見ると、御林の下草や不良木を払下げることで地元産業を支えると同時に、下草刈りなどのヤマの手入れを行わせることで御林の育林を進めることもできていたことになります。おまけに、その際、藩は払下げ代という収益まで得ることができました。藩から見ると、御林の払下げは、まさに一石三鳥の制度だったのです。

唐桑村の御林　このような体制は、沿岸部の御林にある森林資源を持続的に利用させていくうえでも有効でした。

実は、沿岸部では、すでに一七世紀後半から森林資源の利用が旺盛で、たとえ御林であっても、地元民による過剰利用が生じるこ

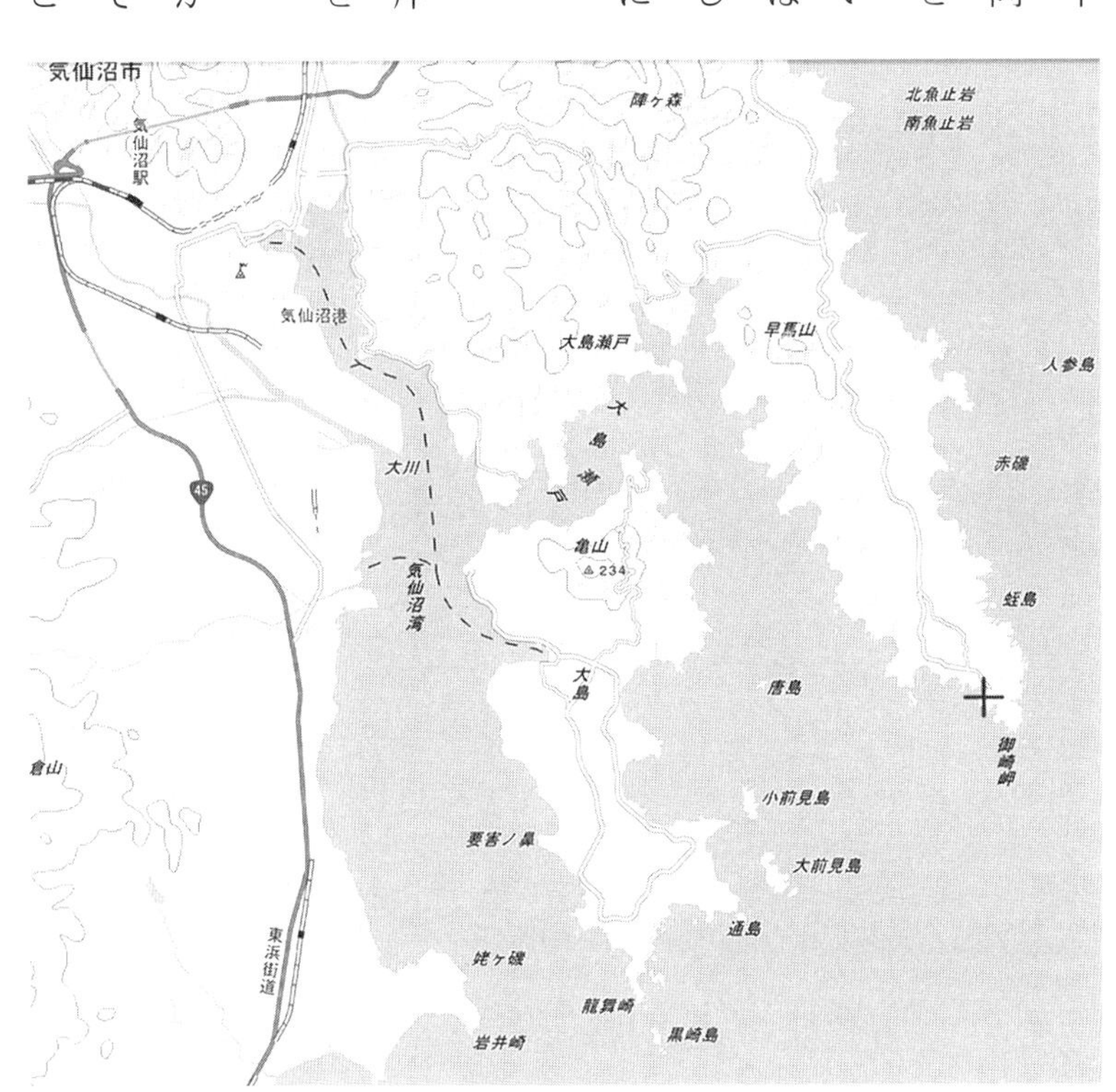

図４　唐桑半島地図（＋印に御崎神社が所在する）〔国土地理院電子地形図使用〕

とさえありました。たとえば気仙郡唐桑村では、延宝五年（一六七七）に、村内にあった尾崎山御林の過剰利用が問題になっています。[14] この御崎御林は、もともとは寛永十九年（一六四二）に、同村肝入を務めていた小館浜の鈴木家が同村の鎮守である御崎明神の境内に松を植林して、それを藩に献上して設置されたものでした。この結果、鈴木家はこの御林の御山守に任命されます。鈴木家の居宅は尾崎御林から遠かったため、同家は御林近隣の村びとに御林の木を伐らないように通達したうえで、近所に土地をもつ三人の村びとに管理を任せることにしました。しかし、鈴木家によれば、同家が肝入を退役したあと御林の乱伐が進み、寛文九年（一六六九）に藩の調査があったときには小松が残る程度に、そして延宝五年段階にはその小松さえ見られない状態になっていると訴え出ています。この頃、唐桑村では森林資源の利用量が増えていたようで、万治三年（一六六〇）に発生したとある訴訟でも、同村肝入による村内百姓の地付山の不正利用が問題化していました。[15]

では、なぜ、このような森林資源需要の増加が生じたのでしょうか。その理由のひとつは、この時期の唐桑村で新たな水産業・水産加工業の導入・展開が連発していたことにありました。たとえば延宝三年（一六七五）には、鈴木家が中心になって、紀

（14）以下、宇野修平『陸前唐桑の史料』（日本常民文化研究所、一九五五年）三八一によります。

（15）前掲『陸前唐桑の史料』二九九・三〇〇

州から漁師を呼び寄せてカツオ釣溜漁の導入を試みています(16)(図5)。カツオ釣溜漁とは、現在のカツオ一本釣漁の原型で、活きたままイワシを漁場まで運び、それを活き餌にしてカツオを釣り上げる漁法です。鈴木家は藩の許可を得て、紀州漁師を呼び寄せるとともに、自らもカツオ釣溜漁用の漁船を造り、同村や近隣村々の村びとを同乗させることで、釣溜漁の技術習得を進めました。また同家は、この前年にはイルカ網を仕立てて操業を始めてもいますので、この頃、地元水産業の拡大に積極的に乗り出していたことが分かります。

しかし、このような鈴木家の活動には村内から批判もありました。紀州からカツオ漁師を呼び寄せると、煮炊きや水産物加工などに使う薪の消費量が増え、薪の値段が上がって村びとに迷惑がかかるという批判が鈴木家に寄せられたのです。実際、カツオ節の製造には多量の薪が必要でした。また、鈴木家はカツオ釣溜船を自ら建造して技術導入を図りましたので、それを造るための杉材も必要でした。このように、水産業の発達は必ずといってよいほど森林資源の利用拡大を伴うのです。残念ながら、この当時の唐桑村における薪採取・消費の実態を明らかにすることはできませんが、この時期に森林資源をめぐる対立が発生していることから、その採取量が増加していた

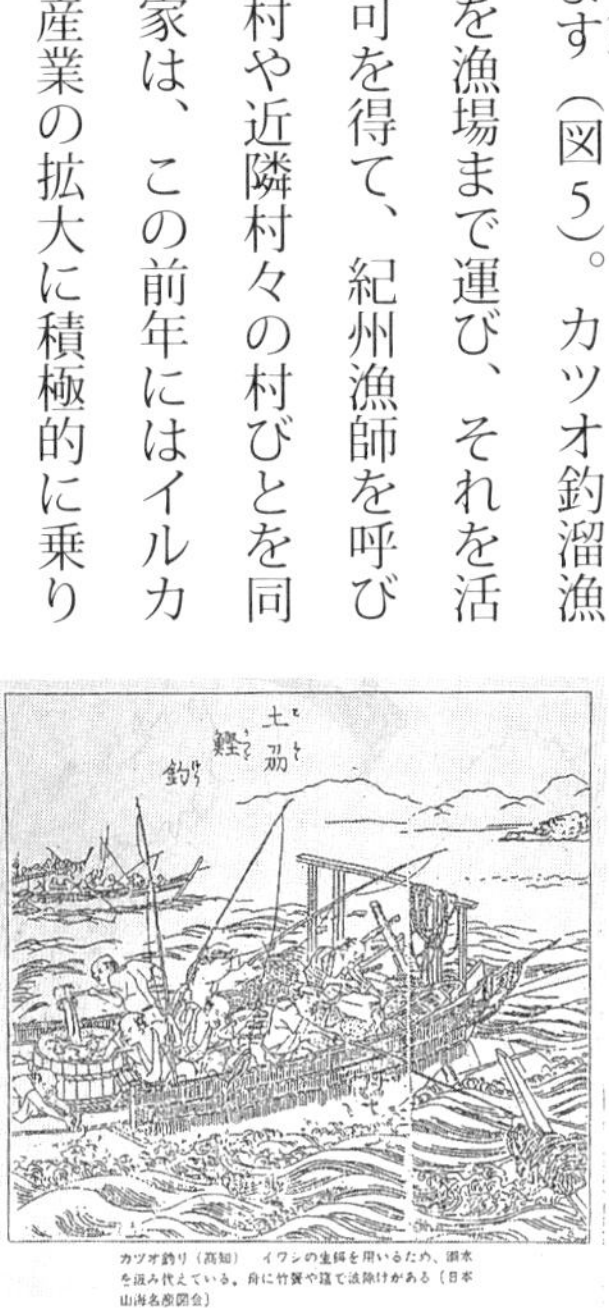

図5　カツオ釣溜漁の様子(『図録 山漁村生活史辞典』柏書房、一九九一年、一二三頁)

(16) 前掲『陸前唐桑の史料』三七一―三七三・三六五・三六六・三六八・三八七・三八九

こと、その背景のひとつに水産業の発達があったことは間違いありません。鈴木家は同時期に、尾崎御林の過剰利用を批判していましたが、一方で、薪需要の増加を引き起こす原因のひとつを自らも作り出していたのです。

唐桑村の事例を見ると、一七世紀後半、正確には一六七〇年代には、たとえ御林といえども、管理が行き届かず乱伐さえ発生しえたことが分かります。一方、出嶋御林を見ると、一八世紀前期、正確には一七二〇年代には、その管理は御林の育林を意識して厳格化していきました。この時代以降、萱場の払下げに関わる記事も見られなくなり、萱場を作り出すための山焼きも停止されたものと考えられます。実際、仙台藩では、正徳四年（一七一四）二月に、五ヶ条からなる山焼きの禁制が藩から出されていました[17]。もちろん、山焼き規制に関する法令は、すでにこれ以前から発布されていましたが、それは数十ヶ条からなる山林規定のなかの一項目として組み込まれるのが普通でした。正徳四年に山焼き規制のみに関わる五ヶ条の法令が発布されたことは、それを規制しようとする藩の本気さを示しています。また、この前段階には、天和二年（一六八二）の山林規定（全四三ヶ条）のほか、天和四年にも二七ヶ条からなる山林規定が発布され[18]、育林や植林の奨励を含む同藩の林制が整備されつつありました。

（17）農林省編纂『日本林制史資料 仙台藩』（臨川書店、一九七一年）二六一頁。なお、法令では、山焼きは「野火」と記されていました。

（18）前掲『日本林制史資料 仙台藩』四一頁および六三頁

それが、一七世紀後半の唐桑村尾崎御林と一八世紀前期の出嶋御林の、森林資源の管理をめぐる落差を生み出す背景のひとつになっていました。

仙台藩沿岸部の御林

御林は、たしかに領主の利害を第一としたヤマではあるのですが、一方で、ここまで見たように折々の払下げなどを通して森林資源を地域に供給する機能ももっていました。一七世紀末から一八世紀前期にかけて、藩が御林の管理を強化してくる背景には、藩の所轄する御林を領民たちの過剰利用から守らなければならないという事情のほかに、村や地域の側にも、そのような藩による管理を引き込んで森林資源の長期的な利用、あるいはここぞというときの利用を担保していこうとする意向が働いていたといえるかもしれません。実際、前述した唐桑村のケースでは、村側に、森林資源を使いたいという強い経済的動機が存在する一方で、それを放置するわけにはいかないという意識も並存していました。一七世紀末—一八世紀前期の仙台藩の林制を、領主が一方的に御林の管理を強化して領民の利用を制限した、といった単純なストーリーで描くべきではありません。この時期の同藩では、御林の管理体制が地域の側の利害とも密接に係わり合いながら出来上がっていったのです。

こうしてできあがった枠組みのもとで管理されることとなった御林が同藩沿岸地域の森林景観に与えた影響は、大きなものであったと考えられます。たとえば、明治四十四年（一九一一）に農商務省水産局から『漁業ト森林トノ関係調査』という報告書が刊行されているのですが、そこには、唐桑村や出嶋の森林について、次のような記述が見られます。

まず、唐桑村の尾崎・崎山（唐桑半島の先端に位置）については、「黒松に赤松・杉が混生し、鬱蒼とした森林を形成している。以前から林相に変化はなく、国有林が大きな森林地帯を形成している。また、そこから北側の唐桑半島東岸には、同様の林相をもった民有林が広がっている。この森林は二〇年前にひとたび乱伐され、その結果、沿岸部への魚類の回遊量が減少してしまったが、その後、森林が復元すると漁獲量も回復した」と記されています。江戸時代にこの地域に設置された御林が起点となり、明治時代にはそれが国有林に組み込まれ、この地域に鬱蒼とした黒松・赤松・杉の混生林を生み出していたのです。

一方、出嶋の森林については、「古来より赤松が鬱蒼と茂り、魚類の回遊も多く、今なお豊かな漁獲量が続いている。ただ、出嶋の別当浜という地域では、ひとたび乱伐があり、その結果、漁獲量の減少を見たことがある」と記されています。魚群を沿岸部に引き寄せる機能をもった森林は、魚つき林と呼ばれています[19]。このような森林のもつ機能はすでに江戸時代から知られ、地域によってはその保護が図られてきました。沿岸部では、森林資源と水産資源とが、燃料供給だけではなく、生態学的にも関連していたことになります。さらに、ここまでの分析を前提とすれば、鬱蒼と表現された唐桑の赤松などの混成林・出嶋の赤松林が形成される歴史的な起点のひとつは、一七世紀末―一八世紀前期にあったことになります。

では、この時期の御林の利用や管理について、もう少し具体的にイメージを描くことはできないものでしょうか。残念ながら、残された『木村家文書』から、出嶋御林について、そのイメージをさらに踏み込んで描くことは難しいというのが実態です。そこで次に、いったん分析地域を変えて、この時代の三陸沿岸部における御林利用のあり様に、もう少し立ち入って考察を加えてみましょう。

（19）海岸の森林が魚を引き寄せることは近世にも知られており、海岸部に林を造成したり、その林の伐採を禁止したりするといった規制が各地で実施されました。なお、平成八年の資料によると、森林法に定められた魚つき保安林は全国に二、八万ヘクタールあり、河川および海域生態系に対する①栄養塩供給、②有機物供給、③直射光からの遮蔽、④飛砂防止が主な機能とされています（白岩孝行『魚附林の地球環境学 親潮・オホーツク海を育むアムール川』昭和堂、二〇一一年）。

第二章　江戸時代の三陸沿岸のヤマと植生

出嶋の代わりにとりあげてみたいのは、宮城県北上川（追波川）河口部から追波湾沿岸地域です（図6）。この地域も東日本大震災に際して痛ましい被害を受けました。実は、震災前、平成十二年（二〇〇〇）から平成十八年（二〇〇六）にかけて、私は『北上町史』の編さん委員のひとりとして、年に数度のペースではありますが北上町に伺っていました。この地域には未整理のままとなっていた大部の古文書群が残されており、その整理・撮影作業などを進めることがその主たる目的でした。[20] しかし、まことに残念なことに、このとき整理を行い、町史編さん資料のひとつとして利用した雄勝町名振浜の『永沼家文書』などが津波によって消失してしまいました。[21]

実は、三陸沿岸に残された江戸時代の古文書に森林に関する古文書が意外と多いことに気づいたのは、このときの調査が初めてでした。そこで本章では、『永沼家文書』を始め、この地域に残された（あるいは残されていた）古文書を利用しながら、三陸沿岸地域における御林利用の具体的な姿に分け入ってみましょう。

（20）そのときの成果は、二〇〇五年に『北上町史 史料編Ⅱ』・『北上町史 通史編』（ともに北上町）として、また二〇一一年に斎藤善之・高橋美貴編『近世南三陸の海村社会と海商』清文堂出版）として刊行されています。

（21）北上町・雄勝町では、その後、宮城資料ネットによる保全活動も行われ、一八件の古文書の全点撮影が完了しましたが、東日本大震災の津波により内八件の古文書群が消滅しました（佐藤大介「『宮城方式』での保全活動・一〇年の軌跡―技法と組織に見る成果と課題」〈奥村弘編『歴史文化を大災害から守る 地域歴史資料学の構築』東大出版会、二〇一四年〉）。

一　御林と御小間木

ヤマのモザイク構造　まず、この地域のヤマの構造をイメージするために、明治期に作成されたものではありますが、いくつかの絵図を見ることから始めましょう。図6は、明治十五年（一八八二）十一月に作成された「陸前国本吉郡十三浜村地積図（りくぜんのくにもとよしぐんじゅうさんはまむらちせきず）」という絵図の一部を拡大したものです。十三浜とは、北上川河口部から追波湾の北岸に並ぶ文字通り一三からなる浜々を指しました（現石巻市北上町）。図7に示した1―13の浜がそれです。図8は、図6から、十三浜のうち白浜とその周辺地域（線で囲った地域）を切り取り拡大したものです。この地域では、沿岸部に耕地と宅地とからなる集落が点在し、その周囲は広大なヤマによって取り囲まれていましたが、図8を見ると、そのヤマが使用目的ごとに細かく区割りされていた

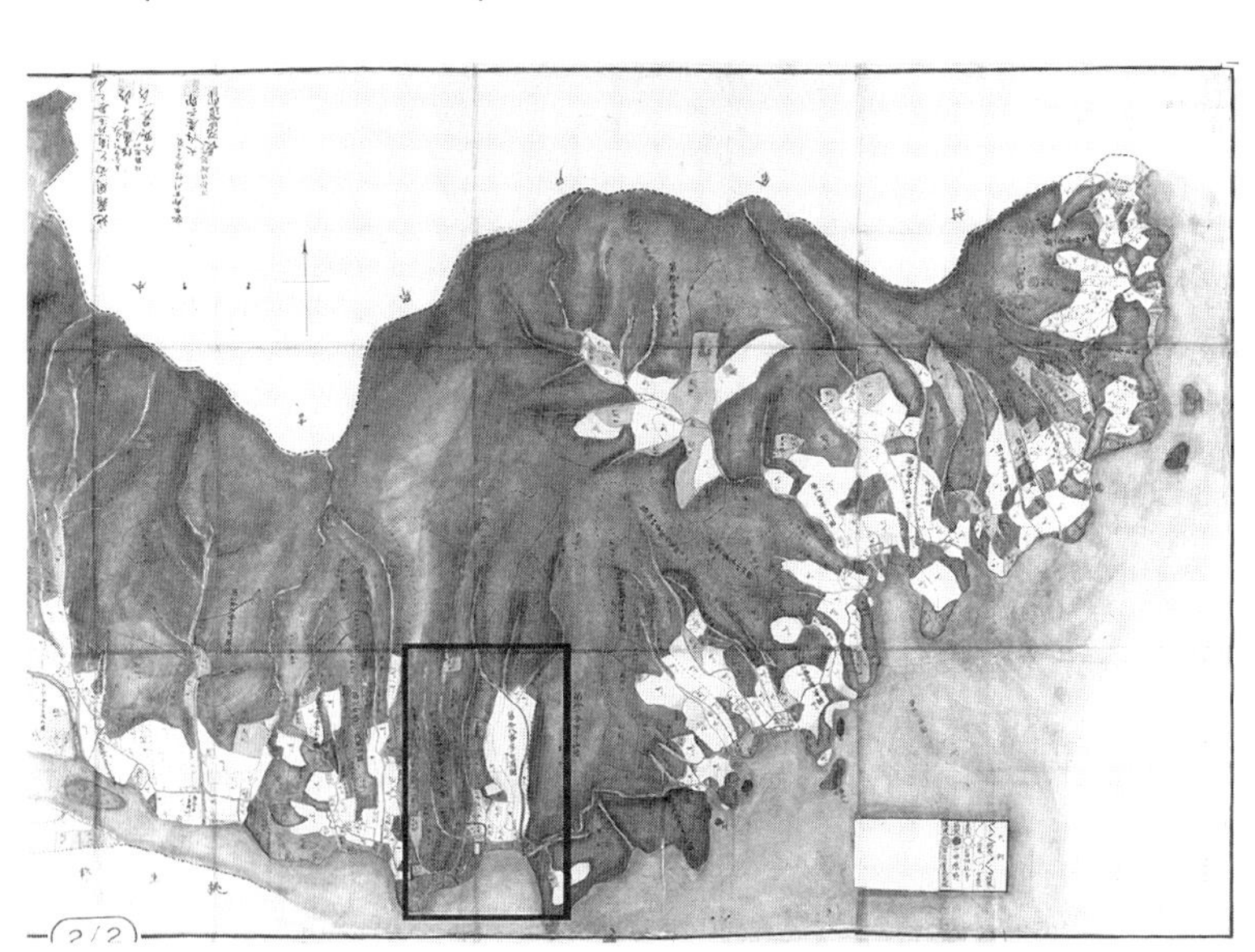

図6　「陸前国本吉郡十三浜村地積図」（宮城県公文書館所蔵・資料番号二二七三）

ことが分かります。ことに集落周辺のヤマは薪炭山・用材林・草山・柴山・竹林などの使用目的ごとに細かく区割りされていました。薪炭山とは燃料である薪を採取したり炭を焼いたりするための雑木がある山を指し、また用材林とは材木生産を目的とした森林を指します。草山は肥料や飼料となる草を採取するヤマを指し、通常、火入れと草刈りによって維持されていました。柴山は燃料となる柴を採取するための低木林を指すものと思われます。竹林の説明は不要でしょう。図8を見ると、とくに西隣の集落とのあいだにあるヤマが、利用目的ごとに、モザイク状といってよいほど実に細かく区割りされていたことが分かります。

　では、このように細かく区割りされたヤマの領有関係はどのようなものだったのでしょうか。残

図7　北上川河口および追波湾沿岸地域

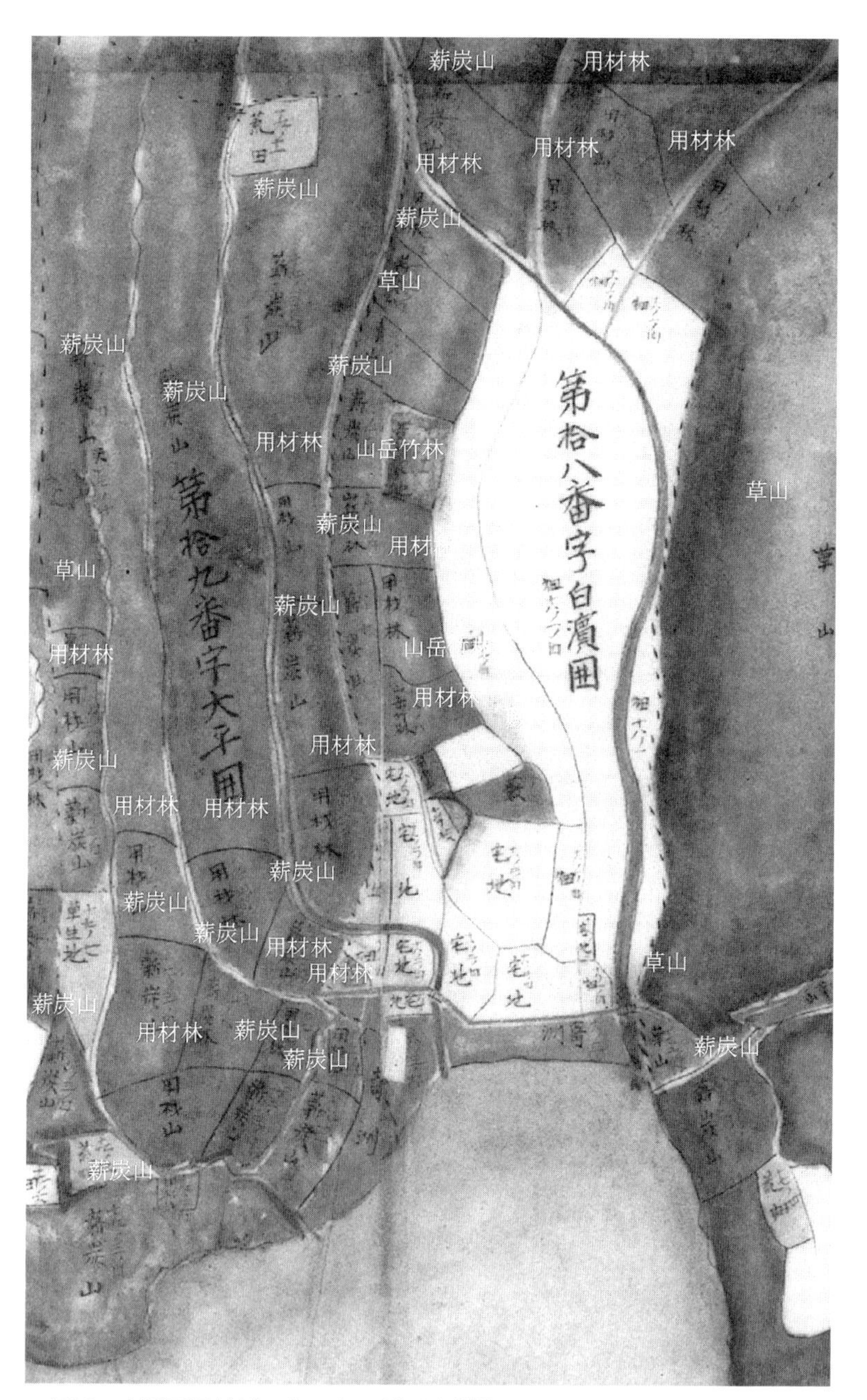

図８　白浜周辺地域のヤマとモザイク構造

念ながら十三浜地域でそれを示す絵図は残っていませんが、十三浜の西隣に所在した橋浦村には、その様子をわずかに伺い知ることのできる、「第六大区桃生郡北方小十一区橋浦村」という絵図が残されています。この絵図が作成されたのは、明治時代初めの大区小区制期と呼ばれる時代（一八七二―七八年）でした。図9は、この絵図から同村に属すヤマを描いた部分のみを取り出したものです。この絵図から、橋浦村のヤマが全部で一五の区画に細かく区割りされていたことが分かります。最も北端に位置する「字滝ノ沢山」と「字似田沢山」の二ケ所のみが官林（国有林の旧名）に組み込まれていますが、残りは百姓持山一二ケ所と村持山一ケ所でした。二ケ所の官林は、江戸時代には藩の領有する御林でした。一方、百姓持山は特定個人もしくは集団によって所持されていた私有林を、村持山は文字通り橋浦村の共有林を指します。ヤマの所有という観点から見ると、橋浦村ではヤマの大部分が百姓持山によって占められていましたが、もちろん、村によってそれぞれの占める比重には差があったでしょう。ここでは、所有の点からみると、この地域のヤマが、①官林（江戸時代には御林）・②百姓持山・③村持山の三つからなったことを確認するだけにしておきます。

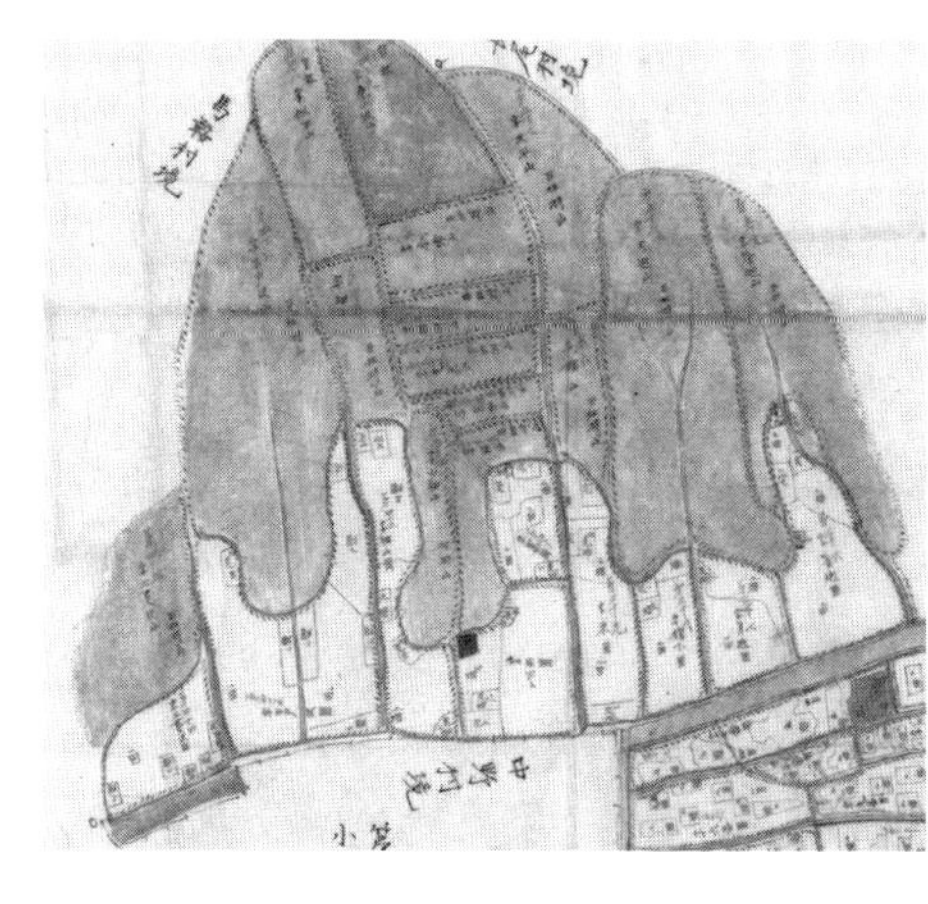

図9　「第六大区桃生郡北方小十一区橋浦村」（宮城県公文書館所蔵・資料番号一九七四）

この地域の御林は、このようなモザイク構造のなかに、境界を厳密に設定する形で設置されていました。たとえば、白浜には大平山新御林という御林が宝暦二年（一七五二）に設置されますが、その際には、この御林を取り囲む東西南北の境界線が実に詳細に定められています。その境界を定めた文章の冒頭のみ示すと、「東は、百姓・太左衛門の畑の東隅にある石塚から、同人の荒畑に沿って沢渕の一七間目に設置された石塚まで北上する。さらに沢通りを北上すると、ちょうど三〇間目のところに塚があるので、そこから三二間目のところにある沢渕の塚まで沢沿いの道を登る。そこから小沢を越えると、野山への通じる畑道の際八間目のところに塚がひとつある。そこから……」と、境界線の詳細な説明が延々と続いています。[22]このような複雑な境界を明確化するため、峰や沢などの自然地形が利用されるとともに、石や土で作られた塚がヤマのなかの各所に設置されました。境界を明示するための努力はときに涙ぐましいもので、大平山新御林の場合には全部で六六の塚がその境界設定のために設けられていました。[23]では、このようにして、この地域のヤマのなかに設置された御林の植生は、どのようなものだったのでしょうか。

（22）『北上町史 資料編Ⅱ［弐］』（北上町、二〇〇五年）三三九頁・史料番号一二五三。以下、『北上』Ⅱ・弐・三三九頁・一二五三と略記します。

（23）御林の境界にこのような塚が設置されるのは盛岡藩でも同じで（杉本壽『林野所有権の研究』清文堂出版、一九七六年、第三編第三章）、広く見られるものでした。

御林の植生と御小間木　ここで、いまいちど、さきほど図9で紹介した橋浦村の御林をとりあげます。前述したように、橋浦村には二つの御林が設置されていました。滝沢御林と似田沢御林です。(24) これらの御林が設置された年代は不明ですが、延宝七年（一六七九）にはすでに存在していました。(25)

仙台藩では、一般的に御林ごとに御山守が任命され、管理を担当します。そのうえで藩の役人が各地の御林に折々に派遣され、御山守と村の肝入らの立ち会いのもとで、御林の境界や面積などの改めが行われました。以下では、これを御林改と呼ぶことにします。橋浦村の二つの御林の面積は御林改ごとに変動するのですが、滝沢御林がおおよそ三万六〇〇〇—五万四〇〇〇坪（一〇・八—一六・二ヘクタール）、似田沢御林が三万七〇〇〇—四万四〇〇〇坪（一二・二—一三・二ヘクタール）でした。御林の面積が変動するのは、御林改に際して、しばしば間延び（御林の境界線の拡大）などがあったためでした。(26)

では、この二つの御林の植生はどのようなものだったのでしょうか。天明七年（一七八七）の資料(27)によると、滝沢御林は「栗・雑木立、一圓小柴立」、また似田沢御林は「栗・雑木立」と記されています。つまり、滝沢御林には、低木の柴が生えてい

(24) 古文書では、それぞれ、瀧ケ沢・滝ノ沢、仁田森・似田山とも記されています。

(25)『北上』II・弐・二七七頁・一一六七

(26) これらの御林面積の増減には大きな落差がありますので、ときに周囲の地付山や共有林が御林に組み込まれることがあったのかもしれませんが、詳細は不明です。

(27)「桃生郡橋浦村御林并御山守名元書上」（『北上』II・弐・二八二頁・一一七二）

るなかに栗と落葉広葉樹の木立がある景観が、似田沢御林には、栗と落葉広葉樹の木立が広がっていたことが分かります。天保四年（一八三三）の資料では、似田沢御林の植生も、柴と萱のなかに雑木が立っていると記されていますので、[28]これら御林の植生景観には、そのときどきの利用状況などに応じて変化があったことが分かります。ただ、この二つの御林の植生が、雑木と柴を中心として、そこに栗や萱が混じるという構成であったことは間違いないでしょう。

これら二つの御林からは、すでに一七世紀末頃から、しばしば御小間木と呼ばれる薪が採取され藩に納められていました。薪を意味する「小間木」の前に「御」が付いているのは、藩に納められる薪という意味です。たとえば、延宝七年（一六七九）―天和三年（一六八三）には、藩から両御林に役人が派遣され、その管理のもとで御小間木が採取されていますし、[29]延享四年（一七四七）―寛延元年（一七四八）には滝沢御林から御小間木が採取されています。後者については、「仙台廻御小間木（せんだいまわしおこまき）」と記されていますので、採取された御小間木は、仙台城下に送られて藩に納められたことが分かります。この二つの御林に、一七世紀末段階から雑木林が広がっていたことは確実です。

（28）「桃生郡橋浦村御林銘丁数坪数長上書上」（『北上』Ⅱ・弐・二八四頁・一一七四）

（29）『北上』Ⅱ・弐・二七七頁・一一六七

木場と木場守　このような御小間木の採取は、橋浦村の御林だけではなく、この地域の御林でしばしば行われました。たとえば十三浜の対岸、つまり追波湾の南岸地域でも、このような御小間木の採取を確認することができます。たとえば正徳五年（一七一五）に、御割薪守（おさいまきもり）という役職を務めていた惣左衛門という人物から藩に提出された願書があります[30]。御割薪守とは、この地域の御林から採取された御小間木をいったん貯蔵して管理する役職を指します。惣左衛門は、北上川河口部から追波湾の南岸に広がる、名振浜・船越浜・尾崎浜・大須浜という四ヶ浜の御林から伐り出される御小間の管理を担当していました。これ以前の元禄十六年（一七〇三）に、藩が惣左衛門の畑三畝（さんせ）ほど（約三アール）を召し上げて、これらの御林から伐り出された御小間木を一時保管する木場を作り、惣左衛門をその管理者に任命したのです。

つまり、一八世紀初めには、北上川河口部に木場とそれを管理する御割薪守が設置され、近隣の御林から伐り出された御小間木を一時保管し、そこから仙台に廻送して藩に納めるという体制が作り上げられたことになります。御小間木は、さきほどの四ヶ浦だけではなく、北上川河口部北岸村浜にあった御林からも伐り出されていましたので、北上川河口地域に拡がるヤマには各地に御林が設置され、そこから毎年、御小間

（30）「本吉郡追波浜御割薪被指置候木場廻り垣被成下度木場守惣左衛門奉願候御事」（『北上』Ⅱ・弐・二八〇頁・一一六九）。

木が採取され仙台に廻送されていたのです。

ところが、ここでひとつ問題が生じます。この木場は御小間木の運搬に便利なように、北上川に接する川端と人馬の往来する道筋に隣接して設置されていたために、御小間木の盗難事件がしばしば発生したのです。正徳五年の夏にも、三八丸の御小間木が盗まれています。丸という単位は、薪を七六センチメートルほどの丸に括ったものを指します。それが三八個分ですので、惣左衛門が困惑したのはいうまでもありません。御小間木が木場から盗まれたときには、御割薪守である惣左衛門がそれを弁償しなければならなかったからです。かといって、昼夜を通して見張りを立てることも難しかったため、惣左衛門は木場の廻りに垣を設置することを藩に願い出たのでした。垣は七〇メートルほどで、そこに出入り用の扉をつけてほしいと藩に願い上げています。それが正徳五年の願書でした。

この願いが認められたのかどうかは不明なのですが、一八世紀初めに木場が設置されたとたん、そこで一時貯蔵されている御小間木の盗難事件が多発していたことが分かります。後ほど述べますが、この段階の北上川河口地域の雑木山からは、藩に納める御小間木以外にも、一般の商品としての薪も盛んに伐り出されていました。この時期には、薪需要の相応の高まりがあったのです。御小間木の盗難事件も、そのような状況のなかで引き起こされたものだったことになります。実際、一八世紀に入ると、薪の伐り出しに関わって、ヤマをめぐる紛争や争論も発生するようになっています。そこで次に、その具体例として尾崎浜と名振浜とのあいだに発生した争論（以下では、争論の対象になった山の名前を冠して、この争論を福浦山争論（ふくらやまそうろん）と呼ぶことにします）を取り上げてみましょう。

二　御林の請負と売山・盗伐

福浦山争論　福浦山は、北上川河口部南岸、尾崎浜と名振浜との村境に位置するヤマです。両浜の位置は改めて図7をご覧ください。図10のような絵図が残されていますので、福浦山はおそらく図7に見える走り崎の内陸側に位置していたと考えられます。この福浦山をめぐって、享保十年（一七二五）十月、名振浜から、とある願書が藩に提出されています。[31] それによると、この願書の提出以前から、福浦山をめぐって名振浜と尾崎浜とのあいだで争論が繰り返されてきたと記されています。実は、福浦山には、尾崎浜の領域内に設置された御林と名振浜

（31）『北上』II・弐・二八六頁・一一七七

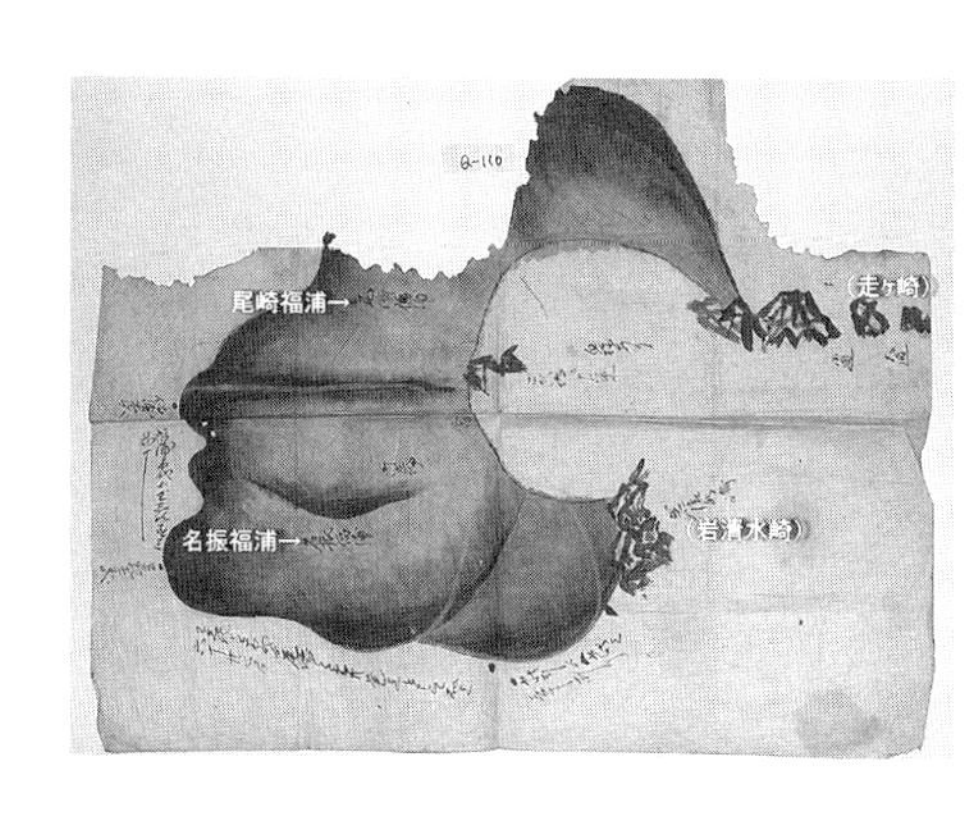

図10　福浦山絵図（陸奥国桃生郡名振浜『永沼家文書』史料番号Q―110）

の麁山（名振浜の村人が共同で利用する入会山）が隣接して存在し、その境界をめぐって両浜が争っていました。ところが、この年、藩が尾崎浜に対して、御小間木の上納を条件に福浦山の御林から薪を伐り出す許可を与えたのです。これは、名振浜にとっては危険な状況でした。藩から命じられたことを理由にして、尾崎浜が自浜に都合のよい境界を設定して御小間木を伐採してしまうと、形式的には、その境界が両浜の正式なヤマの境として藩から認められたことになってしまうためです。実際、尾崎浜は、藩の許可を根拠にして、境界があいまいな福浦山に入り込んで御小間木の伐り出しを強行しようとしました。焦った名振浜は、福浦山が係争中であることを藩に訴えて、御小間木の伐り出しをいったん止めさせてほしいと願い出たのです。

御林の請負　実は、福浦山をめぐる尾崎浜と名振浜の争いは、一七世紀初めまで遡るものでした。すでに宝永八年（一七一一）四月、尾崎浜から次のような願書が大肝入に提出されていたのです[32]。それは、次のような内容でした。

この年も、尾崎浜は藩に願い出て、福浦山御林から薪を伐り出す権利を手に入れました。もちろん、ただで、ではありません。金五切（一両一歩）の運上金と五〇〇丸

（32）『北上』Ⅱ・弐・一二八七頁・一一七八

の御小間木を藩に納めることが条件でした[33]。丸というのは、さきほど述べたように、薪の束を数えるときの単位で、七六センチメートルほどの太さに薪を括ってまとめたものです。それを五〇〇個分ですので、相当の分量の薪となることが分かります。藩はこのとき、運上金よりも、御小間木の現物を確保することの方に重きを置いていた可能性が高いと思われます。

一方、薪伐り出しの許可を受けた尾崎浜は、御林から薪を伐り出し、そこから五〇〇丸を藩に現物納したうえで、残りの薪を売り払い、その売上金のなかから金五切の運上金を支払うということになります。つまり、その売上金から金五切を差し引いた残額が、尾崎浜の収益になるのです。

御林というのは、もちろん藩が領有・管理する森林なのですが、そこから得られる収益がすべて藩に落ちたわけではありません。そこから林産物を伐り出すためには、当然それを伐り出し運搬する労働力が必要になります。そのためには、労働者を集めて、彼らを一定の組織に編成し、さらに彼らに給金を支払うなどの手続きが必要になるのですが、藩がそれをやっていたのでは面倒です。そこで藩は、運上金や現物の上納を条件にして、御林から森林資源を採取する権利を地元村に請け負わせるという制

（33）前掲『永沼家文書』D―1―2―7・宝永八年四月十八日「〔福浦山利用をめぐる名振浜口上書〕」

度を採用したのです。つまり、御林の請負制度です。御林を請け負わせることによって、藩は御小間木を調達することができますし、逆に地元村は薪を伐り出し販売することで収入を得ることができます。御林の請負制度は、藩と村の双方にとってメリットのある制度でした。残念ながら、このときの御林請負によって、尾崎村がどれくらいの収益を得たのかは分かりません。ただ、御林請負のような制度が成り立つこと自体、その前提には薪に対する相応の需要があったと考えることができます。

「売山」と盗伐

実際、この時期には薪需要の拡がりを示す出来事が立て続けに起こっています。追波湾沿岸地域に限定した事例にはなりますが、いま少し検討を加えてみましょう。

まず注目したいのは、宝永五年（一七〇八）二月に名振浜組頭・喜兵衛ら一五名から大肝入に提出された願書です[34]。この願書によると、前年の春、名振浜の入会山である福浦山で、尾崎浜が薪の伐り出しを行うという事件が起こったと記されています。名振浜が尾崎浜に対して事情説明を求めたところ、尾崎浜の肝入であった清兵衛は、「前年八月に尾崎浜は藩から福浦山を請け負っており、それに基づいて御小間木の伐

(34)『北上』II・弐・二八八頁・一一七九

り出しを行っただけです」と返答してきます。藩の許可を受けたうえでやっていることですから、私たちの行動に何ら問題はありません、というのが尾崎浜の言い分でした。この時の対立が、さきほど見た享保十年の福浦山争論と同じ構造だったことが分かります。

もちろん、名振浜は納得しません。さっそく福浦山が自分たちの入会山であることを藩に訴え上げようと訴状の準備を始めますが、それに手間取っているあいだに、福浦山で新たな事件が発生してしまいます。名振浜とも尾崎浜とも関係のない、追波湾を挟んで対岸に位置する本吉郡十三浜の住人が、福浦山に入り込んで薪を伐り出すという事件が発生したのです。具体的な経緯は、こうです。

その年の七月十一日に、十三浜のひとつ大室浜の重五郎と久五郎という者が福浦山で伐り出した薪を舟に積み込んでいるところを、名振浜の者に見咎(みとが)められました。名振浜はこの二人に、「なにゆえ福浦山で薪の伐り出しを行っているのか」と尋ねます。すると、二人は、「福浦山がどの浜方のヤマであるのかは存じませんが、自分たちは尾崎浜から福浦山の立木を買い取ったうえで、それを伐り出し運搬しているだけです」、「これは自分たちだけではなく、十三浜の他の浜々も同じように行っていることです」と返答するのです。つまり、尾崎浜は、自浜で請け負った福浦山御林の立木を十三浜の浜々に又売りしていたことになります。請け負った御林の又売りは、当時「売山」と呼ばれていました。十三浜の住人は、尾崎浜の売り出した「売山」を購入して、福浦山で薪を伐り出していたのです。彼らからすれば、福浦山からの薪の伐り出しは、まったく正当な行為であったことになります。実際、名振浜に拘束された二人は、「この件について御尋ねがあればきちんと返答するので、村に帰らせてほしい」と願い出ており、名振浜もそれには納得せざるをえず、念のため二人から証文を取ったうえで帰村を認めています。問題は、あくまでも尾崎浜による福浦山の「売山」ですので、改めてその停止を訴え出たのが、宝永五年二月の訴状でした。

続く「売山」

しかし、尾崎浜による対岸・十三浜への「売山」は、その後も続けられたようです。享保十年（一七二五）にも、次のような事件が発生しているためです[35]。この年、十三浜のうち大室浜（おおむろはま）と小室浜（こむろはま）の者たちが名振浜に船でやってきて薪を伐り出しているところを見咎められます。名振浜は大室浜の長次郎と小室浜・十右衛門の二人を拘束し、彼らの舟の櫓と櫂を取りあげました。相手の生産道具をとりあげ

（35）前掲『永沼家文書』D―1―2―14

る行為は、山や海などで資源をめぐる争いが起こったときに、しばしば行われる行為でした。盗伐など相手の行為を止めるため、という目的のほか、領主に訴えるための証拠の確保という意味がありました。その後、大室・小室両浜の村役人から名振浜に対して侘び状が出され、櫓・櫂は返却されますが、その際には、「以後、両浜のみならず近隣の浜々からも名振浜のヤマには立ち入りません」という誓約書が提出されています。

なお、このときの事件で大室・小室両浜の者が入り込んだヤマがどこであったのかは資料には記されていません。ただ、ここまでの経緯を踏まえると、福浦山であったと考えて間違いないでしょう。このときは単なる盗伐事件として処理されていますが、大室・小室両浜の住人は理由無く、名振浜のヤマ（と名振浜が考えているところ）に入り込んで薪を伐り出そうとしたわけではなさそうです。このときも尾崎浜から「売山」されたヤマにやってきて薪を採取しようとしたのだ、と考えるのが自然です。つまり、御林の請負を根拠にして「売山」を進める尾崎浜に対して、名振浜は実際に伐り出しにやってきた十三浜の住人を拘束するという実力行使で対抗していたのです。

盗伐事件の背景　このような盗伐事件（大室・小室浜の者からすれば、「売山」を購入して行った正当な薪採取）が発生した背景には、薪の需要拡大がありました。実は、盗伐に神経を尖らせていた名振浜の村びと自身もまた、次のような事件を起こしています。

享保十四年（一七二九）、係争中であった福浦山で、名振浜の村びと八人が盗伐を行い、伐り出した薪を船積みしているところを、尾崎浜の御山守・加茂之助に見つかります[36]。名振浜側は非を認め、実行犯である七人から事情を聴取し、その報告書を藩に提出しています。それによれば、このとき盗伐を行ったのは、名振浜の長太郎のほか長五郎（六郎兵衛子）・助左衛門（金三郎子）・善四郎（惣左衛門子）・清三郎（彦三郎子）・助之丞（庄左衛門子）・たり（久三郎子）の七人でした。長太郎を除いて、いずれも名振浜村びとの「子」とされていますので、このときの盗伐が同浜の若者たちを主力にして実行されたことが分かります。この日、彼らは舟で海から福浦山の麓に入り、たりを舟の番に残して、残りの六人で盗伐に向かいました。彼らは福浦山に入ると、長太郎・長五郎は二背負ずつの薪を、残り五人は一背負ずつの薪を伐り出しています。伐り出した薪は二尺五寸ほど（約七六センチメートル）の丸に括られ、全

（36）陸奥国本吉郡名振浜・『永沼家文書』D―1―2―10・享保一四年「桃生郡名振浜御山守喜右衛門并同浜長太郎・長五郎・助左衛門・善四郎・清三郎・助之丞・たり口書」

部で一八丸の薪束が盗伐されたと記されていますので、薪一背負は二丸を、二背負は四丸を背負っていた計算になります。四丸を背負える長太郎と長五郎が年長者であったことが分かります。おそらく、この二人が首謀者だと考えられます。彼らはこれを持って山を下り、舟に積み込もうとしたところを尾崎浜の御山守に見つかったのです。係争地になっているヤマで、あえて危険を犯して盗伐を行っているという事実は、この頃の薪需要の拡大を背景に、薪が楽にお金を稼げる手段になっていたことを示しています。

御林の社会的位置　以上、本章では、一七世紀末―一八世紀前半の追波湾沿岸地域を事例に、①入会林や地付山などがモザイク状に入り組む沿岸部の森林のなかに、領主の御林が相応の比重をもって設置されていたこと、②このようにして設置された御林での薪生産が薪需要の拡大とも相まって、この時期に活発化すること、③そのなかで、地元村などによる御林の請負や「売山」などの慣行が生み出されてくること、を見てきました。御林はたしかに領主の管理する森林ではありましたが、それは御林の請負や「売山」といった制度・慣行のもとで、折々に払下げられるなど、地元の村々も利用が可能な資源だったのです。御林ですので、もちろん願い上げればいつでも利用が許されたわけではありません。そこには、当然、領主の利害や配慮などが働きます。藩の懐に入る上納金にも関わることですので、過剰利用も防ぎながら継続的に利用しつづけられるようにするということも意識されてきます。このような御林が各所に設置されていたのですから、それらを合わせれば、領主にもたらす収益や、逆にそれらを利用させることによって地域に落ちる収益は相応のものになったと考えられます。御林は、領主と村あるいは領民が、その利用や管理をめぐって交渉や駆け引きを繰り返す、一種の政治的な空間だったのです。当然、その利用・管理をめぐる制度も、本章で見たものよりも、いま少し複雑なものになりそうです。そこで次の章では、仙台藩の林政にも目配りをしながら、御林の払下げに関わる制度に、さらに検討を加えてみましょう。

第三章　御林の社会史

一　運上請負と渡世山

御塩木山の再編　前章では、一七世紀末から一八世紀初めの追波湾沿岸地域を事例に、請負や「売山」といった、御林に関わる制度や慣行の存在を検出してきました。ここでいまひとつ注目されるのは、同時代のこの地域で、渡世山（とせいやま）と呼ばれる制度が見られるようになることです。

実は、もともとこの地域の浜方では、海水を釜で直接煮沸することで塩を作る素水法製塩が行われていました。仙台藩では、寛永期（一六二四―四三年）以降、塩の専売制が実施されたため、製塩は藩に一括購入される御塩（おしお）の生産と位置づけられ、御塩煮（おしおに）と呼ばれていました。仙台藩領内では、御塩煮を行わせるために御塩木山（おしおきやま）が設置されることがままあり、そこから燃料用の薪を調達させ、塩を生産させて、それを買い上げていたのです。御塩木山は、製塩用燃料を供給するために設置された御林です。

ところが、この地域では、一七世紀末から一八世紀初めにかけて御塩煮をとりやめる浜々が少なからず出てきます。分かっている事例だけでも、小室浜では一七世紀末に、[37] 長塩谷浜（ながしおやはま）でも享保十九年（一七三四）に、[38] また月浜でも貞享二年（一六八五）に、[39] 吉浜および追波浜では元禄三年（一六九〇）に、御塩煮が停止されています。[40] この時期に、御塩煮の停止が連発した理由は正確には分からないのですが、北上川河口部から真水が流れ込む地形的条件から生産される塩の品質が悪かったうえに、[41] 低廉な瀬戸内産塩の流入などがあったものと思われます。実は、牡鹿半島の桃浦（現宮城県石巻市桃浦）も、貞享元年（一六八四）に御塩煮の停止を願い出て藩から認められているのですが、桃浦が御塩煮停止を願い出たのは、塩生産力の減退のほかに、御塩煮をするよりも、それに用いる薪を売った方が得になるという事情があったためでした。[42] 桃浦近傍の流留（ながる）・渡波（わたのは）には、この時期に入浜式塩田が造成されて生産力を増しつつあり、薪の需要がすこぶる高かったのです。素水法による製塩は、燃料費が割高でしたので、塩を作るよりも薪を売った方が実入りがよいということが起こりえたのです。

　そして、ここで注目したいのは、このような素水法製塩の停止が、浜々に御塩木山として設置されていた森林の扱いに変更をもたらしたことです。たとえば十三浜のひ

（37）『北上』Ⅱ・弐・三三七頁・一二五一。

（38）『北上』Ⅱ・弐・三三五頁・一二五〇。

（39）前掲『大室・佐々木家文書』八七三・「本吉郡南方十三浜之内三ヶ浜御山林元禄十年六月 御改御元帳写」および陸奥国本吉郡十三浜村追波浜『丸山・佐々木家文書』四七五・延享四年二月十七日「乍恐口上書を以奉願御事」。

（40）前掲『大室・佐々木家文書』八七三

（41）前掲『追波・丸山家文書』史料番号四七五。

とつ吉浜には、もともと村内に御塩木山が設置されており、そこから燃料である薪を調達して御塩煮を行っていました。ところが、元禄三年（一六九〇）に御塩煮を停止すると、藩は吉浜の御塩木山から、同浜が薪山・草飼山（薪や飼料を調達する森林）として必要な部分を除いたうえで、その残りを御林に指定し直しています。その結果、吉浜には大中崎山・小中崎山・小森貝山という三ヶ所の御林が設置されることになりました。つまり、御塩煮の停止にともなって、御塩木山が通常の御林に再編されているのです。もちろん、御林に再編されたあとも、地元・吉浜と関係がなくなってしまったわけではなく、吉浜に請け負われ薪の伐出が行われることもありました。

同様の事例は、同じく十三浜に属す追波浜でも確認できます。追波浜には、柴の茶山・山太崎山・いましこめ山という三ヶ所の御林がありました。実は、これらももともとは御塩木山だったのですが、やはり元禄三年に追波浜で御塩煮が停止されると、地元で必要な薪山・草飼山を除いたうえで、その残りが、これら三ヶ所の御林に再編されたのです。そして、こうして再編された御林は同浜の渡世林として利用されるようになったと記されています。渡世林とは前述の渡世山と同じ制度で、藩が運上金の上納を条件にして、そこから薪などを伐り出すことを地元村に認めた御林を指します。(43)

(42) 平川新「塩業の成立と製塩」（『石巻の歴史　第五巻　産業・交通編』石巻市、一九九六年）三一九頁

(43)『北上』Ⅱ・弐・三三八頁・一二五二から、このことが分かります。

同じく元禄三年に御塩煮を停止した吉浜でも、御林に再編された元・御塩木山が同浜に請け負われ、薪が伐り出されたことを指摘しましたが、これもおそらく渡世山として請け負われたものだと考えられます。

渡世山制度　では、渡世山という制度は、さきに福浦山争論のところでとりあげた御林の請負制度と同じものだったのか、といえば、実はそうではありません。正確に言うと、広義の御林の請負制度のなかに、福浦山で見たような制度と、いまひとつ渡世山と呼ばれる制度があったといえそうです。

渡世山という言葉は、正しくは「渡世林御売金三ヶ弐御村に被下山」などという名称で呼ばれていました。たとえば、天和二年（一六八二）に、西磐井郡戸河内村（現平泉町）に設置された御林のなかに「渡世林御売金三ヶ弐御村に被下山」が存在することを確認できます(44)。また、気仙郡矢作村（現陸前高田市）の元禄八年（一六九五）御林帳でも、同村内に設置された御林二ヶ所が「御村渡世山御売金三ヶ弐御村へ被下山」だったことを確認できます(45)。つまり、渡世山とは、御林を払下げて、それを伐出・販売することで得られた収益を、藩と村とで分け合う制度だったのです(46)。このような

(44) 前掲『日本林制史資料 第一七巻 仙台藩』四八頁。
(45) 前掲『日本林制史資料 第一七巻 仙台藩』一七〇頁。
(46) 同藩では、藩三分の二・村三分の一のほか、藩と村とで半分づつという割合があったとされています（注23杉本前掲書）。

渡世山は、一七世紀末には、かなりの拡がりを持っていました。たとえば、さきほどとりあげた福浦山がある桃生郡には、元禄十年（一六九七）段階に一六九ヶ所・一〇五七万八二〇四坪（およそ三五二六町ほど）の御林がありましたが、そのうち渡世山（「為渡世御売金之内御村江三ヶ弐被下山所」）は一四ヶ所・七四万四、三〇〇坪（およそ二四八町ほど）を占めていました。(47) 面積では全体の七パーセントですが、五〇四万六三二八坪を占めた御用木山（建築・工事用材木を調達するための御林）と四四四万二、三〇〇坪を占めた鉄山御林（鉄山新御林を含む。鉄山に供給する薪炭を調達するための御林）に続く広さを占めていましたので、少なくとも一七世紀末には、渡世山が御林を活用・運用するための制度として定着していたことは確実です。

(47) 前掲『日本林制史資料 第一七巻 仙台藩』一八三頁。

御林請負の類型　では、この渡世山という制度は、さきに福浦山で見た御林請負と何が違うのでしょうか。福浦山の御林請負は、運上金と御小間木の現物納を条件にして、薪の伐り出しを地元村などに認める制度でした。かりに、これを運上請負と呼ぶことにすると、御林請負には、少なくとも、伐り出した薪などの売却代金を藩と請け負った村などとの間で分け合う渡世山と、運上金や現物の上納を条件に薪の伐り出しを認める運上請負の二つがあったことになります。制度的な面からいえば、運上請負の方が渡世山よりも、より厳格な制度であったといえます。運上請負の場合、請負を決めた時点で、納めなければならない運上金の額や現物の量が決められていますので、藩はそれを確実に入手することができます。逆に、請け負った側は、請負で得た収益が見込み違いでどんなに少なくなろうが、約束した運上金と現物をきちんと藩に納めなければなりません。福浦山を請け負った船越浦が、その伐採権をさらに周辺村々の村びとに「売山」していたのは、一部なりとも確実に収益を確保して運上請負に伴う危険性を分散するためだったといえます。逆に、渡世山で請け負った場合には、得た収益を藩と分け合えばいいだけですので、あえて請け負った御林を「売山」する必要はありません。

こう考えると、御林の運上請負は、薪など森林資源の市場価格が高いことが前提になる制度だということが分かります。請け負った側から見ると、御林を請け負うことで、藩に納めることを約束した運上金や現物よりも、より大きな収益を上げうることがほぼ確実でないと、運上請負で御林を請け負うのはやはり危険です。また、「売山」も、このような薪などの高価格が前提にないと、買い手がつきにくいでしょう。逆に藩にとっても、薪などが高価格であるときには、市場に出回っているものを購入するよりも、御林請負を利用して現物で納めさせた方が、より安く薪などを入手できます。藩が御林請負に際して、運上金とともに現物納を命じていたのは、そのためだったと考えられます。

逆に、渡世山は、伐り出した薪などを売却して、その収益を藩と事前に定められた比率で分け合えばいいだけですから、運上請負に比べると、請け負った側にとってはリスクがより低く、また藩側から見ると請け負った側への配慮がより大きな制度であったといえます。藩が、御林を渡世山として請け負わせるケースと運上請負で請け負わせるケースとをどのように使い分けていたのかは、現段階では分かりません。ただ、さきに掲げた十三浜沿岸地域の渡世山の事例でいえば、もともと御塩木山として活用されていた森林を、御塩煮の停止とともに御林に再編成し地元村に請け負わせたという経緯が影響していたといえそうです。このときの渡世山としての御林請負には、村の生業のひとつであった御塩煮の停止という事態を受け、藩の税収を確保しながらも、地元村の成り立ちを維持しようとする意向が働いていたように思われます。

二　多様化する御林請負

御林の御払い　ここまで、一七世紀後半から一八世紀前期にかけて、御林の請負がさかんに行われていたことを見てきました。ここで注目されるのは、こうして生み出された制度が、とくに一八世紀後半以降になると、藩が臨時の税収を確保するための制度、あるいは飢饉など地域社会の危機に際して、それを援護するための制度としても活用されるようになるということです。

さきに追波湾沿岸の十三浜・白浜に大平山御林という御林が設置されていたことを見ました。実は、この御林も元は御塩木山だったのですが、寛延三年（一七五〇）に御塩煮を停止した際に御林に再編され[48]、その後、白浜が明和六年（一七六九）、安永六年（一七七七）、天明四年（一七八四）に、この御林の御払い（藩から御林の払下げを受けること）を認められています。大平山御林はもともと御塩木山ですので、払下げの対象となったのは薪だったと考えられます。

一見すると、このような御林の御払いは、前節で見た御林の運上請負と同じ制度に見えます。ただ、さきほど見た運上請負には、薪を藩が現物で入手するための現物納

（48）以下、『北上』Ⅱ・弐・三三九頁・一一五三によります。

が含まれていましたが、このときの御林の御払いでは、上納のなかに現物納は含まれていません。しかも、明和六年と安永六年の御林御払いでは、大平山御林から薪を採取する権利がいったん入札に懸けられています。結果的には、地元村である白浜が落札しましたが、入札制度が導入されると、他の村や個人・集団に落札されては困りますので、白浜も可能なかぎり請負金額を引き上げて入札に臨まざるをえません。逆に藩は、払下げ金額を引き上げるための誘導がしやすくなります。藩が、御林の御払いに入札制度を組み合わせることで、御林の払下げから得られる収益を、できるだけ拡大しようとしていたことが分かります。このような税収を重視した御林の請負制度を、さきほどの運上請負とは区別して、御払請負（おはらいうけおい）と呼んでおきましょう。ここまでの検討を元にした仮説になりますが、御林の請負制度には、①運上請負（運上金のほか現物納を含めた請負）、②渡世山（売却収益を藩と村とで分割）、③御払請負（ときに入札制度も導入しつつ、御林を払下げる請負制度）という少なくとも三つの類型が存在したことになります(49)。

御林の御払いと救済　御払請負は、御林を税収源のひとつとして、より積極的に

（49）第一章一で、享保一九年に出嶋御林（中崎山）で入札を伴う払下げが行われたことをみましたので、御払請負はすでにこれ以前から行われていた可能性もありますが、これにつきましては藩全体を視野に入れた分析を待ちたいと思います。

位置づけていこうとする藩の意向を示すものといえます。ただ、ここで注意しておきたいのは、御払請負という制度は、払下げ値段を藩が低く抑えるという政治的な判断をすれば、村々を救済する制度としても機能しえたということです。たとえば、天明四年の白浜における御林の御払請負はその典型です。この年は、まさに天明飢饉の真っただ中でしたが、そのような状況下で、白浜は、飢えによる村びとの危機的な状況を理由にして御林の御払いを願い出るのです。これに対して藩は、御林の御払いを認めるだけではなく、ひとたび納められた払下げ代金を村に還付しています。つまり、無償で御林が払下げられたのです。このとき藩がわざわざ払下げ代金を還付するという手続きをとったのは、領民に対する藩の温情を、より強く印象づけるためでした。このときの御林の御払いは、領主の慈悲深さを演出する効果をも勘案しながら、地元村の百姓たちに対する救済として実施されたものだったのです。一方、地元・白浜は、払下げ代金無しで、御林からの薪の伐採権を手に入れ、それを伐り出し・売却したうえで、その収益を食料の購入など村の存続のために使うことができます。こうして、御払請負という制度は、飢饉などの社会的危機のもとで、村の救済制度としても機能していくのです。

飢饉状況下では、領民の生活や生命を守るために、領主による救済は不可欠になるのですが、それには資金が不可欠です。このため、領内の各地に広く設置された御林を安くあるいは無償で払下げ、それを藩の救済制度として機能させるという仕組みは藩にとっても都合のよいものでした。木の成育期間が必要ですので、毎年連続して同じ森林を払下げるわけにはいきませんが、一時的にせよ危機的状況を凌ぐ方法としては利用価値の高いものでした。こうして、領内に広く設置された御林は、藩にとっても、そして村々にとっても、緊急時のための、いわば「貯金箱」としての役割を併せ持つこととなりました。

御林の御払いが緊急時の救済手段として使われる事例は、枚挙にいとまがありません。すでに前章でとりあげましたが、追波湾に注ぐ北上川下流域左岸に橋浦村という村があり、そこに滝沢御林と呼ばれる御林が設置されていました。文化九年(一八一二)に、橋浦村がこの滝沢御林の御払いを村びとの困窮を理由にして藩に願い出ています。[50]藩はひとたび願いを却下するのですが、このときの橋浦村は粘ります。この頃、橋浦村では、従来、荒地になっていた北上川沿いの湿地の再開発を進めていたのですが、それに従事する同村の百姓たちはわずかな耕地しか所持していない者が多く、食料の

(50) 以下、『北上』II・弐・三〇三頁・一一九八によります。

持ち合わせもなく、たいそう困窮していると主張しています。そこで、「滝沢御林を払下げていただき、薪を伐り出して、それを北上川の舟運を使って石巻に送り、それを売り払って得た資金と、荒地開発の二つを両輪にして、百姓たちを存続させたいのです」。橋浦村はこのように述べて、改めて滝沢御林の御払いを出願しました。

残念ながら、この願いが認められたのかどうかは分からないのですが、御林の御払請負が村々にとって現金収入を緊急に得る手段として便利な制度であったことは伝わってきます。それゆえ、飢饉などの危機的状況に直面した村々は、さかんに御林の御払いを願い出るのです。一方で、藩にとっては、御林の更新を無視して短い周期で御払いすることは困難ですので、本当に必要なときに有効なタイミングで御払いをすることが大切になります。村々の危機の実態のほか、森林の更新状況なども勘案しながら、その可否を判断する必要がありました。こうしてみると、御林の管理は、藩による危機管理対策・防災対策としての側面も持っていた、正確に言うと、飢饉が連続することとなる一八世紀半ば以降、そのような性格を強めていったのだといえます。

御救山の研究から　実は、このような指摘はすでに飢饉史研究の泰斗として知ら

（51）菊池勇夫『飢饉の社会史』（校倉書房、一九九四年）・同『近世の飢饉』（吉川弘文館、一九九七年）。

れる菊池勇夫氏によって行われています。[51] 菊池氏は盛岡藩などの東北諸藩を事例に、藩が飢饉時などに御林を開放し、領民に自由に薪を採らせたり、松皮・根を採取させる御救山（おすくいやま）という制度を採用していたことを明らかにしています。菊池氏は、盛岡藩を事例とした御救山の分析から、「藩によって『御救山』の実態は一様ではないにしても、民衆および領主がともに共有する天下の大法であったと評しても過言ではあるまい」と結論づけています。さらに、菊池氏の指摘を受けて、長谷川成一氏も津軽藩を事例に御救山の検討をしています。[52] それによると、弘前藩では、元禄八年（一六九五）・九年（一六九六）の飢饉に際して設置されたのが御救山の始まりで、その後、天明飢饉に際して領内に御救山が多く設置され、領民救済の手段として機能したことなどが指摘されています。また、菊池氏は近年、仙台藩でも山野が飢饉時のかて物（食料に混ぜ加えて増量したり、代用食・保存食となる雑多な食物）の採取場所として重要な役割を果たしていたことや、同藩にも御救山の慣習・伝統が広がっていたことなどを明らかにしています。[53] 菊池氏と長谷川氏の研究は、東北諸藩において地域の森林の各所に相応の比重をもって組み込まれた御林が一種の危機管理装置としての機能も併せ合わせもったことを示しており、非常に興味深く感じられます。

（52）長谷川成一「世界遺産白神山地における森林資源の歴史的活用—流木山を中心に—」（『弘前大学大学院地域社会研究科年報』第七号、二〇一〇年）・同「藩領における植生景観の復元とその変容—近世津軽領を中心に—」（『弘前大学大学院地域社会研究科年報』第六号、二〇〇九年）・同「近世津軽領の『天気不正』風説に関する試論」（『弘前大学大学院地域社会研究科年報』第五号、二〇〇八年）・同「山と飢饉」（関根達人編『科学研究費補助金研究成果報告書　供養塔の基礎的調査に基づく飢饉と近世社会システムの研究』二〇〇七年）。

(53) 菊池勇夫「救荒食と山野利用」(菊池勇夫・斎藤善之編『講座東北の歴史第四巻 交流と環境』清文堂出版、二〇一二年)。

一方、本書では、仙台藩沿岸部を主な事例にして、藩の領有する御林の請負が藩と村などとの間で一定の手続きに則って一七世紀後半以降折々に行われてきたこと、そのなかで御林請負をめぐる制度的類型や「売山」などの民間の慣行も生まれてくることを見てきました。とすると、御救山のような御林の危機管理装置としての機能の前提には、通常の年を含めた御林の請負制度の拡がりもあったといえそうです。飢饉などの危機的状況に際して、領民が御林の請負を求める前提、あるいは領主がそれを受け入れる前提には、連綿と繰り返されてきた御林請負の経験、つまり御林という自然資源をめぐって形成された領主と村・領民との関係性の蓄積・成熟があったのです。

おわりに―沿岸部のヤマから内陸部のヤマへ―

本書で明らかにしてきたこと　本書では、三陸沿岸の被災資料を起点として、この地域の森林の歴史、正確には、この地域の森林空間のなかに相応の比重をもって織り込まれた御林をめぐる社会史の復元を試みてきました。三陸沿岸地域の森林景観の背後に、どのような歴史的な物語を読み取ることができるのかを、江戸時代の御林を事例にして考えてきたことになります。

御林は、いうまでもなく領主の領有する森林です。本書では、一七世紀末から一八世紀前期にかけて、この御林を拠点にして藩の育林に対する意識と取り組みが本格化してくることを見ました。本書では、あまり言及はできませんでしたが、仙台藩では、その後も植林や育林に大きな力が注がれます。その際、枝打ちや下草刈りといった御林の手入れは、多くの場合、地元村などによって行われました。その代りに、手入れの際に出る枝木・末木や下草、あるいは生えている雑木や松などが、一定の条件のもとで地元村などに与えられたのです。こうして御林は、地域の生業を支える燃料を供給したり、領民の生活を支える収入源となる薪材を供給したりする機能も果たしました。そのなかで、御林の請負制度のなかにも、運上請負・渡世山制度・御払請負といった複数の形態も生み出されます。それぞれ、領主や村・領民の受ける利益に差が生じますので、これらの請負制度がそのときどきの状況に応じて使い分けられました。また、御林は一八世紀後半以降になると、藩財政悪化のなかで御払収入を当て込んだ藩の収益源のひとつとしてより積極的に位置づけられる一方で、飢饉などに対する危機管理対策の基盤としての機能も強めていきます。この結果、藩の財政悪化や飢饉のような危機的状況の下で御林の過剰利用が起こることもありましたが、江戸時代を通してみれば、御林は多くの場合、藩と村々との緊張感も孕んだ微妙なバランスのなかで管理・利用・維持されてきたのです(54)。

森林は、水産業を基幹産業のひとつとする沿岸地域でも、とても重要な役割をもっていました。理由のひとつは、海洋資源の収穫量が必ずしも安定的なものではなかったためです。とくに特定の季節に大きな魚群を作って到来し、大きな収益をもたらす回遊魚がダイナミックな資源変動を繰り返すことはよく知られています。近年の水産資源学では、海洋資源の資源量が地球規模の気候変動などと結びつきながら数十年単

(54) 明治十二年(一八七九)に森林法制の作成を急ぐ明治政府が内務卿名で府県に出した通達によると、廃藩置県以降、旧藩時代の制度などが停止されたために、官有林の盗伐や民有林の乱伐などが多発し、罰則を含めた森林保護法制を整備することが急務になっていると述べられています(高橋美貴『「資源繁殖の時代」と日本の漁業』〈山川出版社、二〇〇七年〉九五頁)。結果的にではあれ、江戸時代の山林に関わる制度や慣行が、山林資源の長期的な利用に資することがありえたことが予想されます。

位の変動を繰り返していることが指摘されるようにもなっています[55]。

沿岸地域にとって、森林資源は水産物加工のための燃料としてのみならず、漁閑期や不漁期の生活を支えるためにも不可欠なものでした。三陸沿岸地域は、ウミとヤマの生業に農業などを組み合わせることで、そのときどきの状況に応じて生活や地域社会を成り立たせてきました。森林という景観と森林を利用する生業・生活世界とを不可欠なものとして持ち続けてきたのです。そして、仙台藩の沿岸地域では、そのような森林景観のなかに、村々の入会林や百姓の所持する地付山のほかに、領主の御林が無視できない比重をもって設置されていました。それらの御林は、本書で述べてきたような利用・管理のための制度や慣行のもとで、藩や地域の村々などによって活用されてきたのです。

御林の公共的機能　もちろん、御林が果たしていた公共的な機能は、ここまで述べてきたものだけではありません。沿岸部に限ったことではありませんが、用水など領内の農業生産を支える社会基盤や橋など地域の社会資本を整備する際の木材供給の面でも、御林は重要な役割を果たしていました[56]。

(55) 川崎健『漁業資源―なぜ管理できないのか―(二訂版)』(成山堂書店、二〇〇五年)・同『イワシと気候変動―漁業の未来を考える』(岩波新書、二〇〇九年)、川崎健・花輪公雄・谷口旭・二平章編著『レジーム・シフト―気候変動と生物資源管理―』(成山堂書店、二〇〇七年)、本田良一『イワシはどこへ消えたのか 魚の危機とレジーム・シフト』中公新書、二〇〇九年)。一見、北日本各地に安定的な漁獲をもたらしてくれそうなサケでさえ資源変動を繰り返していることも明らかにされています(大崎満・帰山雅秀・中野渡拓也・山中康裕・吉田文和『北海道からみる地球温暖化』〈岩波ブックレット、二〇〇八年〉、帰山雅秀『最新のサケ学』〈成山堂書店、二〇〇二年〉)。

また、仙台藩では、海浜近くの田畑を潮害から守るために沿岸部に黒松林の育成が一七世紀前半に始められ、一八世紀初頭には牡鹿郡から南の相馬藩境に至る砂浜海岸一帯に黒松海岸林が作り出されていたことを菊池慶子氏が明らかにしています。[57]菊池氏によると、これらの黒松林は藩士や百姓によって植林されたものもありましたが、宝永四年(一七〇七)以降、原則として藩有林、つまり御林に組み込まれたとされています。これらの黒松林は後背地の防潮・防風の役割を果たすとともに、その手入れの際に出る下草や枯れ枝などが手入れの負担と引き換えに地元村に与えられることもあったほか、凶作時などに御救山として機能することもありました。ここでも、御林が地域の生産・生活を維持・安定させるための広義の社会資本としての役割を有していたことを確認できます。

江戸時代の日本列島で森林の育成が官民双方でさかんに進められたことはつとに知られていますが、近年、そのような森林育成の動きのなかで、領主や地域有力者らによって、土砂流出の防止や水源涵養、防風・防潮・防火など公益的機能の発揮を目的にした「暮らしを守る森林」の育成が、この時代を特徴づける森林育成の類型のひとつであったという指摘が芳賀和樹氏によってなされています。[58]本書もまた、このよう

(56) 前掲『日本林制史資料 第一七巻 仙台藩』六〇九頁。

(57) 菊池慶子「仙台藩領における黒松海岸林の成立」(『東北学院大学経済学論集』一七七、二〇一一年)・同「仙台藩の防潮林と村の暮らし」(徳川林政史研究所『徳川の歴史再発見 森林の江戸学II』東京堂出版、二〇一五年)。

(58) 芳賀和樹「『くらしを守る森林』—江戸時代からのメッセージ—」(注57徳川林政史研究所編前掲書所収)。このような芳賀氏の指摘は、森林の果たした役割を歴史的に見つめ直そうとするときに、大切な視点であるように思われます。

な研究の流れに与する立場に立っています。

魚付林から内陸部の森林へ―流域史という視点へ―

また、森林が果たした公共的機能のなかで、沿岸部で重要な役割を果たしたもののひとつに魚付林があります。魚付林とは、文字通り、魚を引き寄せる機能をもった森林のことです[59]。このため、すでに江戸時代から、海岸部に森林を造成して、その伐採を禁止する規制が各地で実施されていました。

(59) 丹羽邦男『土地問題の起源―村の自然と明治維新―』(平凡社、一九八九年)。

さきに出嶋の御林についてとりあげた際、農商務省が全国の魚付林についての概要調査を行ってとりまとめた明治四十四年(一九一一)の報告書『漁業ト森林トノ関係調査』をとりあげました。そこには、かつて御林であった唐桑村の黒松・赤松・杉の混成林や出嶋の赤松林が魚類を引き付ける機能を果たしていたことが記されていました。この報告書では、同じく本書で取り上げた追波湾沿岸地域についても、北上川の河口部から追波湾沿岸に国有林が拡がり、その鬱蒼とした森林が魚付林としての役割を果たしていたために、かつて多くのサケが遡上してきたとも記されています。ところが、追波湾から北上川に遡上するサケについては、これに続けて、次のような情報が付け加えられるのです。

「かつてはサケの遡上が多かったが、北上川上流の森林が荒廃したために土砂が堆積し、サケなど魚類の来集に悪影響を与えた。その後、森林が繁茂するに従って、イワシ・サケ・ボラなどの魚類が再度来集するようになっている…」。

では、このような河川上流域での森林荒廃と土砂流出は、この地域では、いったいいつ頃から問題化したのでしょうか。

北上川下流域では、一九世紀前半、具体的には一八二〇—三〇年代にかけて、川底への土砂堆積によって水深が浅くなり、サケ漁に支障をもたらしていることが問題化します。地元村々では、このような河川状態の悪化を「川様無然（かわようぶぜん）」と呼んでいました。また、この時期には、追波湾でも海水の濁りが生じ、それによって追波湾内に設置されたサケ立網もしばしば不漁に見舞われていました。河川を通して、土砂が北上川下流域と追波湾内に流れ込んでいたのです（図11）。実は、このような現象は北上川だけではなく、この時期の仙台藩沿岸各地で問題化していました[60]。

この頃、仙台藩の中枢部でも、このことに警鐘を鳴らす人物がいました。一九世紀前半に、その政策立案能力を認められ、下役人（文化九年）から代官・山林奉行・郡

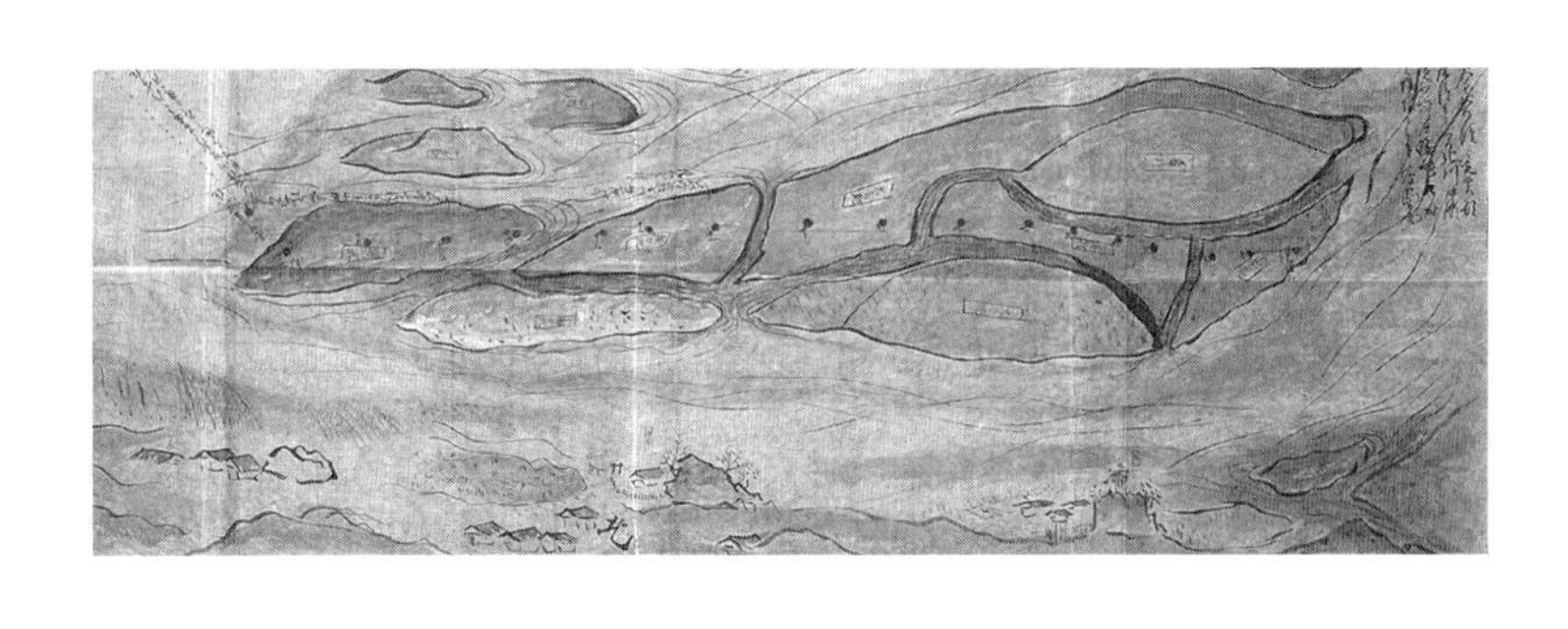

奉行、さらには出入司（しゅつにゅうつかさ）にまで登り詰めた荒井宣昭という官僚です。(61) その荒井が天保五年（一八三四）四月に藩に提出した献策書のなかに、次のような記述があります。

「耕地を支える基盤は御普請による河川・用水などの保守・整備ではあるが、藩内では森林の管理が行き届かないために、出水のたびごとに河川の氾濫が発生して耕地に被害が出ている。森林の伐採が進み、出水のたびごとに土砂流出を引き起こしているのだ。さらに御普請によって生じた河川の流れの狂いがかえって被害に拍車をかけ、また河床への土砂堆積も引き起こし、小規模な出水でも下流地域に大きな被害を引き起こしてしまう。」

この献策書で荒井もまた、森林荒廃や土砂流出など流域管理の不十分さから生じた問題とそれによる河川状態の変化を、「川様無然」という言葉で表現していました。つまり、当時の仙台藩では、そのような状況を、下はサケ漁師から、上は藩の官僚に至るまで、「川様無然」という同一の言葉で表現しており、このような状況に対する認識の社会的な共有が進んでいたのです。

図11「桃生郡釜谷浜与本吉郡南方追波浜与之間之間北上川中瀬両浜へ境不埒ニ付論処ニ相成御吟味之上境塚被立下絵図面」（『追波・丸山家文書』）。この絵図は天保三（一八三二）年のものと推測されますが、北上川下流域には土砂堆積によって、しばしば図にあるような洲が出現しました。

(60) 高橋美貴「近世の水揚帳とサケの漁況変動」（『歴史評論』七六四、二〇一三年）および同「一九世紀仙台藩における流域とサケ資源保全政策—サケからカワ・ヤマへ」（平川新編『江戸時代の政治と地域社会 第二巻 地域社会と文化』清文堂出版、二〇一五年）。

荒井の危機意識は強いものであったらしく、さらに天保五年八月の献策書でも次のように記しています。

「近年、同藩では森林の伐採が進み、海辺でも森林が作り出していた木蔭が薄くなり、魚の接岸が見られなくなってしまったために不漁となっている。森林は、まことに大切なものなのだ。」

荒井の目には、森林伐採にともなう土砂流出とそれによって生じた「川様無然」、さらに水辺の森林減少による魚付林としての機能低下までもが見据えられていたのです。荒井は、森林・河川・耕地、そして水産資源をリンクして捉える流域管理的な視点から藩に警鐘を鳴らしていたことになります。

「沿岸部の森林から江戸時代の三陸沿岸地域史を見つめ直す、仙台藩を見つめ直す」という作業から始まった本書ですが、そこに流域という視点を交えると、沿岸地域の社会や生業が河川でつながった内陸部の森林とも密接に関わっていたことが分かってきます。森林という視点から沿岸地域の歴史を描く際には、沿岸部に所在する森林を

(61) 佐藤大介「天保飢饉からの復興と藩官僚―仙台藩士荒井東吾『民間盛衰記』の分析から―」(『東北アジア研究』一四、二〇一〇年)。

見ているだけでは十分ではなく、流域を通した内陸部の森林も視野に入れる必要があります。

実際、内陸部での森林伐採が不漁をもたらすという認識は、科学的にも妥当性をもつことが近年明らかにされています。内陸部から湾に流れ込む表流水や地下水が、湾での生物生産や魚の来遊に重要な役割を果たしていることは以前から指摘されていましたが[62]、近年では、上流に存在する森林、とくに林床に形成された腐植土層が河海の生物の生存に不可欠な物質供給機能を果たしていることが明らかにされています[63]。また、三陸沿岸地域では、一九九〇年代から「森は海の恋人」運動に代表される、流域を意識した地域の自然環境や地域社会の再生運動も始まり[64]、それはその後、森里海連環学など河川を介した森林と水産資源との連環関係の科学的解明を企図した研究へと展開しつつもあります[65]。本書で明らかにした事実と、これらの研究動向とを踏まえると、三陸沿岸を対象にした地域史を描く作業には、沿岸部の森林に加えて、河川を通して結びついた内陸部の森林も視野に入れていく必要があるということを改めて確認できます。いわば「流域史」とでも呼べる研究視角が必要だということです。この時代、内陸部の森林にいったい何が起こっていたのか？　なぜ、河川を通した土砂流出

（62）長崎福三『システムとしての〈森―川―海〉魚付林の視点から』（農文協、一九九八年）。

（63）松永勝彦『森が消えれば海も死ぬ 第二版』（講談社ブルーバックス、二〇一〇年）、注19白岩前掲書）。ただし、若菜博氏によると、内陸部の森林の状態が沿岸海域に影響を及ぼすことは多くの関係者によって認められていますが、森林から供給される栄養物質の役割については評価が分かれているとされています（同「日本における現代魚附林思想の展開」〈『水資源・環境研究』一四、二〇〇一〉）。

（64）畠山重篤『森は海の恋人』（北斗出版、一九九四年）。

（65）田中克『森里海連環学への道』（旬報社、二〇〇八年）。

のような事態が生じ、またそれは内陸部の社会にどのような影響を与えていたのか？ それは流域を通して沿岸地域にどのような影響を与えたのか？ それに対する社会や藩の反応は？ など新たな疑問が次々と浮かび上がってきます。ヤマとウミとカワとを結び付けながら、仙台藩の環境史を描くという作業が、次の課題として求められています。

あとがき

本書は、東日本大震災に際して被災した複数の古文書群との出会いから生まれました。そのきっかけのひとつは、本書の冒頭でとりあげた女川町・『木村家文書』のレスキューでした。一方で、同町には、震災の折、たまたま燻蒸のため東北歴史博物館に送られており、幸運にも津波の被害を免れた古文書もありました。木村家と同じく牡鹿郡の大肝入を務めた丹野家の古文書群です。同家の文書には、次のような文書が残されています。

それは、安政五年（一八五八）十二月の日付のある「諸願方留扣帳（しょねがいかたとめひかえちょう）」という帳簿です。この帳簿は、女川浜の肝入であった六右衛門が、この年に藩に提出した製塩などに関わる願書類を記録した帳簿なのですが、そのなかに、地震津波に関わる願書が納められていました。図12がそれです。これは、安政三年（一八五六）七月二十三日に発生した安政八戸沖地震に際して発生した津波によって、御石改所（おんこくあらためどころ）（米穀の出入りを監視する役所）の手代を兼帯していた鷲神浜肝入・清右衛門の管理していた公文書四冊が海水に浸ってしまい、その作り直しを願い出た願書です。その四冊とは、「小乗浜御村夫喰御通帳（このりはまおんむらふじきおかよいちょう）」や「素水釜夫喰御通帳（そすいがまふじきおかよいちょう）」など、夫喰（ふじき）（凶作などの非常時に備えて備蓄される穀物などの食料）の購入や出納を記録するための帳簿でした。これらの帳簿は行政関係文書などを収める小箪笥に大切にしまわれていたのですが、地震津波で浸水の被害を受けてしまったのです。清右衛門は当初、これらの帳簿を乾かして再利用しようとしますが、海水を含んでいるためになかなか帳簿が乾かず、破損も出ていることから、帳簿を新調して夫喰の購入を続けさせてほしいと願い出ています。地震津波の直後だけに被災者に夫喰を供給することが緊急に必要となり、夫喰の購入や支給などを記録する帳簿を早急に作り直す必要に迫られたのです。現在の資料レスキューでも、海水に濡れた古文書は、乾きにくいうえに、そのまま放置するとカビなどが生じてしまうため、洗浄・乾燥、さらには補修の作業が不可欠です。膨大な被災資料の処置は根気と体力の要る作業ですが、江戸時代の地震津波の際にも同様の問題が生じていたことが分かります。このとき、文書の作り直しが認められたのか否かについては残念ながら分かりません。濡れたままでは使用が難しいので、おそらくは新たな帳簿が作られ、そちらに既存の内容が筆写されたうえで、被災した帳簿は廃棄され、新たな帳簿にそれ以降の記録が書き継がれたものと思われます。一方で、このように緊急に必要な文書が新調されたのに対して、おそらくは、このときの地震津波によって廃棄されたり、紛失したりした文書も少なからずあったものと思われます。もちろん、うまく乾き、そのまま現在まで残ってきた文書もあるかもしれません。

現在、三陸沿岸地域に残された古文書群は、過去このような危機を切り抜け、継承されてきた地域歴史遺産[66]だということになります。二〇一一年の東日本大震災にともなう津波では、少なからざる古文書群が被災し、ものによっては消失してしまいました。一方で、奇跡的にその危機を乗り越えた『木村家文書』や『丹野家文書』のような古文書群もあります。これら地域歴史遺産の継承を、いまこの段階で絶やすべきではありません。これらの古文書は、かつて多くの消失の危機を乗り越え、なおかつ今次の危機をも乗り越えた、地域の歴史を物語る「語り部」そのものだからです。そのためにも、危機を切り抜けた古文書群を救い出し、また東日本大震災で失われながらも画像資料などとして残されている資料と併せて活用していくこと、そのような作業を通して、危機を残りえてきた歴史に思いをはせつつ、これらの古文書群が地域あるいは地域の歴史にとって持つ意味を復元・提起していくことが必要であると感じます。

図12『丹野家文書』二―一四―三。

(66) 奥村弘『大震災と歴史資料保存 阪神・淡路大震災から東日本大震災へ』(吉川弘文館、二〇一二年)。

本書では残された文書群を十分活用しきれたとはいえず、自らの非才を恥じ入らざるをえませんが、本書がこれらの文書群を地域歴史遺産として受け継いでいく下地のひとつにでもなってくれたら、と強く念じております。

参考文献

宇野修平『陸前唐桑の史料』（日本常民文化研究所、一九五五年）
大崎満・帰山雅秀・中野渡拓也・山中康裕・吉田文和『北海道からみる地球温暖化』（岩波ブックレット、二〇〇八年）
奥村弘編『歴史文化を大災害から守る　地域歴史資料学の構築』（東大出版会、二〇一四年）
奥村弘『大震災と歴史資料保存　阪神・淡路大震災から東日本大震災へ』（吉川弘文館、二〇一二年）
帰山雅秀『最新のサケ学』（成山堂書店、二〇〇二年）
川崎健『漁業資源―なぜ管理できないのか―（二訂版）』（成山堂書店、二〇〇五年）
川崎健・花輪公雄・谷口旭・二平章編著『レジーム・シフト―気候変動と生物資源管理―』（成山堂書店、二〇〇七年）
川崎健『イワシと気候変動―漁業の未来を考える』（岩波新書、二〇〇九年）
菊池勇夫『飢饉の社会史』（校倉書房、一九九四年）
菊池勇夫『近世の飢饉』（吉川弘文館一九九七年）
菊池勇夫「救荒食と山野利用」、菊池勇夫・斎藤善之編『講座東北の歴史第四巻　交流と環境』（清文堂、二〇一二年）
菊池慶子「仙台藩領における黒松海岸林の成立」（『東北学院大学経済学論集』

一七七二〇一一年）
菊池慶子「仙台藩の防潮林と村の暮らし」（徳川林政史研究所『徳川の歴史再発見 森林の江戸学II』東京堂出版、二〇一五年）
北上町史編さん委員会編『北上町史 史料編II』（北上町、二〇〇五年）
北上町史編さん委員会編『北上町史 通史編』（北上町、二〇〇五年）
斎藤善之・高橋美貴編『近世南三陸の海村社会と海商』（清文堂出版、二〇一〇年）
佐藤大介「天保飢饉からの復興と藩官僚―仙台藩士荒井東吾『民間盛衰記』の分析から―」（『東北アジア研究』一四、二〇一〇年）
佐藤大介「奈良への旅 津波被災資料の凍結乾燥処理」（宮城資料ネット・ニュース一四七号、二〇〇一年八月二二日）
白岩孝行『魚附林の地球環境学 親潮・オホーツク海を育むアムール川』（昭和堂、二〇一一年）
杉本壽『林野所有権の研究』（清文堂出版、一九七六年）
高橋美貴「近世の水揚帳とサケの漁況変動」（『歴史評論』七六四、二〇一三年）
高橋美貴「一九世紀仙台藩における流域とサケ資源保全政策―サケからカワ・ヤマへ―」、平川新編『江戸時代の政治と地域社会 第二巻 地域社会と文化』（清文堂出版、二〇一五年）
田中克『森里海連環学への道』（旬報社、二〇〇八年）
徳川林政史研究所編（『徳川の歴史再発見 森林の江戸学II』（東京堂出版、二〇一五年）
長崎福三『システムとしての〈森―川―海〉魚付林の視点から』（農文協、一九九八年）
丹羽邦男『土地問題の起源―村の自然と明治維新―』（平凡社、一九八九年）
農商務省水産局『漁業ト森林トノ関係調査』（農商務省水産局、一九一一年）
農林省編纂『日本林制史資料 仙台藩』（臨川書店、一九七一年）
長谷川成一「世界遺産白神山地における森林資源の歴史的活用―流木山を中心に―」（『弘前大学大学院地域社会研究科年報』第七号、二〇一〇年）

長谷川成一「藩領における植生景観の復元とその変容―近世津軽領を中心に―」（『弘前大学大学院地域社会研究科年報』第六号、二〇〇九年）
長谷川成一「近世津軽領の『天気不正』風説に関する試論」（『弘前大学大学院地域社会研究科年報』第五号、二〇〇八年）
長谷川成一「山と飢饉」（関根達人編『科学研究費補助金研究成果報告書 供養塔の基礎的調査に基づく飢饉と近世社会システムの研究』二〇〇七年）
畠山重篤『森は海の恋人』（北斗出版、一九九四年）
平川新「塩業の成立と製塩」、『石巻の歴史 第五巻 産業・交通編』（石巻市、一九九六年）
本田良一『イワシはどこへ消えたのか 魚の危機とレジーム・シフト』（中公新書、二〇〇九年）
松永勝彦『森が消えれば海も死ぬ 第二版』（講談社ブルーバックス、二〇一〇年）
若菜博「日本における現代魚附林思想の展開」（『水資源・環境研究』一四、二〇〇一年）
渡辺尚志『武士に「もの言う」百姓たち 裁判でよむ江戸時代』（草思社、二〇一二年）
芳賀和樹「『くらしを守る森林』―江戸時代からのメッセージ―」（徳川林政史研究所『徳川の歴史再発見 森林の江戸学Ⅱ』東京堂出版、二〇一五年）

本書は、平成二十七～二十九年度科学研究費助成事業（学術研究助成基金助成金）・基盤研究Ⓒ「近世東北地方における自然資源の利用・管理と地域社会に関わる歴史学的研究」の成果の一部である。

「よみがえるふるさとの歴史」シリーズの刊行にあたって

NPO法人宮城歴史資料保全ネットワーク　理事長　平川　新

二〇一一年三月十一日に発生した東日本大震災は、多くの人々の命と財産を奪いました。自然とともにあった生活も破壊され、残されたのは悲惨な光景でした。

私たちNPO法人宮城歴史資料保全ネットワークは、震災直後から被災地をめぐり、多くの歴史資料を救出してきました。歴史資料とは、旧家の土蔵や倉庫のなかに保管されてきた古文書などのことです。村の歴史、日本の歴史は、こうした歴史資料を読み解いていくことで明らかにされてきました。

保全活動を続けるなかで私たちは、被災地の方々から、祖先や地元の歴史について尋ねられることがしばしばありました。巨大な地震と津波で激変した故郷を前にして、先祖や地元の歩みを知りたいという思いがこみあげてきているのだと思います。

震災復興に取り組む地域では、これまで先人たちが積み重ねてきた歴史や文化を、新たなまちづくりに生かそうとする取り組みも見られます。そのためには歴史をよみがえらせなければなりません。私たち歴史研究者がお手伝いできることは、いま残されている歴史資料から、その地域の歴史を復元し、先人の歩んだ姿を再生させていくことです。

失われたふるさとの歴史をよみがえらせて、被災地の方々の心の復興に少しでも役に立つことができればと考えて、このシリーズを企画しました。

最後に、本事業にご理解をいただき特段のご援助を賜りました公益財団法人上廣倫理財団に御礼申し上げます。

二〇一四年三月

高橋美貴（たかはし よしたか）

—

東京農工大学大学院農学府共生持続社会学専攻准教授

一九六六年群馬県生まれ

東北大学大学院文学研究科博士課程後期課程修了 博士（文学）

専門は近世・近代の漁業史。水産資源の利用と管理に関する地域史研究を世界史的動向などと絡めながら明らかにすることを目指している。近年は、近世の森林資源の利用と管理に関わる研究にも取り組んでいる。

主な著書・論文

高橋美貴『近世・近代の水産資源と生業—保全と繁殖の時代—』（吉川弘文館、二〇一三年）

高橋美貴『日本史リブレット90「資源繁殖の時代」と日本の漁業』（山川出版社、二〇〇七年）

高橋美貴、落合功、荻慎一郎「近世の漁業・塩業・鉱業」（大津透・桜井英治・藤井讓治・吉田裕・李成市編『岩波講座日本歴史 第13巻 近世4』岩波書店、二〇一三年）

よみがえるふるさとの歴史 9

仙台藩の御林の社会史

三陸沿岸の森林と生活

発行日 二〇一六年二月二十五日

著 者 高橋美貴

企 画 NPO法人宮城歴史資料保全ネットワーク

発行者 只野俊裕

発行所 蕃山房

仙台市青葉区落合一丁目四—八（〒九八九—三一二六）

〇二二—七七八—八六七九（電話・FAX）

発売所 本の森

仙台市若林区新寺一丁目五—二六—三〇五（〒九八四—〇〇五一）

〇二二—二九三—一三〇三（電話・FAX）

印刷所 笹氣出版印刷株式会社

ISBN978-4-904184-76-9 C0021

よみがえるふるさとの歴史1　宮城県亘理町荒浜

荒浜湊のにぎわい

東回り海運と阿武隈川舟運の結節点

井上拓巳

定価800円（本体）＋税

荒浜は阿武隈川の河口付近に位置し、東回り海運と阿武隈川舟運の結節点として機能しており、江戸時代から明治時代初期にかけて、「物」と「人」の交流が盛んに行われる場所でした。城米輸送をキーワードに、その賑わいの様子、沖縄や中国への漂流体験など、水運のドラマを活写します。

よみがえるふるさとの歴史2　岩手県・宮城県・福島県

慶長奥州地震津波と復興

四〇〇年前にも大地震と大津波があった

蝦名裕一

定価800円（本体）＋税

東日本大震災は、貞観地震津波以来一〇〇〇年ぶりの大震災と言われますが、政宗の時代に起こった四〇〇年前の慶長奥州地震津波が、それに匹敵する大震災である可能性が出てきました。古文書に書き記されたその実態に迫り、復興や防災につながる人間の意志と英知を尋ねます。

よみがえるふるさとの歴史3　仙台市若林区

イグネのある村へ

仙台平野における近世村落の成立

菅野正道

定価800円（本体）＋税

東日本大震災で大きな被害を受けた仙台の東に広がる沖積平野に、イグネ（屋敷林）が点在する六郷と七郷と呼ばれる二つの地域があります。六郷と七郷が隣り合いながらも、それぞれに異なる地域性を形成することとなる中世から近世初期に注目し、今に至る歴史的基盤を紹介します。

よみがえるふるさとの歴史4　秋保温泉・川渡温泉・青根温泉

湯けむり復興計画

江戸時代の飢饉を乗り越える

高橋陽一

定価800円（本体）＋税

江戸時代の最大の災害は地震・津波ではなく、飢饉です。仙台藩では、天明飢饉の死者は二〇万人に上ったといわれます。町や村の人口が激減する危機的状況に見舞われながらも、人々は自らの手で地域の再生をはかります。その一つが温泉を利用した復興でした。

よみがえるふるさとの歴史5　宮城県石巻市

明治時代の感染症クライシス

コレラから地域を守る人々

竹原万雄

定価800円（本体）＋税

エボラ出血熱、デング熱などが話題ですが、感染症への危機感は時代を超えます。明治十五年（一八八二）にコレラが大流行。全国で死者は三三、七八四人、宮城県では二、三六一人にのぼりました。この時、石巻地区で感染症予防に奮闘した、医師、警察、有志の人々の姿を描き出します。

よみがえるふるさとの歴史6　仙台市 多賀城市 気仙沼市 蔵王町

仙台藩「留主居」役の世界

武士社会を支える裏方たち

J・F・モリス

定価800円（本体）＋税

これまで分析のメスが入らなかった、藩制時代における城下町と各地域との関係性に、仙台藩の上級家臣の仙台屋敷と在郷屋敷をめぐり具体的に迫ります。ここで活躍するのが「留守居」役です。組織を成立させる緩衝役としての専門職であり、過酷な労働と職責を担う武士たちでした。

よみがえるふるさとの歴史7　石巻市と宮城県北部地域

書画会の華やぎ

地域に息づく遍歴の文人たち

安田容子

定価800円（本体）＋税

明治時代のころ、日本各地で詩書画を楽しむ文人たちの交流の場としての書画会が盛んに催されました。石巻周辺でもその跡を見ることができます。地域の人々は文人を集め、滞在場所を提供しました。文人は著名な人も無名な人も、その地域と交流し各地を訪れ書画を残しています。

よみがえるふるさとの歴史8　宮城県南部と福島県沿岸部

躍動する東北「海道」の武士団

鎌倉・南北朝時代の興亡

七海雅人

定価800円（本体）＋税

鎌倉時代から南北朝時代、「海道」と呼ばれた宮城県南部・福島県の沿岸部を舞台に、武士団の本格的な興亡が展開します。鎌倉幕府の侵攻に対して、智力をつくし、したたかに生き延びた在来の武士たち。大津波と原発の爆発事故に見まわれた相双地域の先人たちの姿に迫ります。

よみがえるふるさとの歴史9　宮城県女川町・石巻市

仙台藩の御林の社会史
三陸沿岸の森林と生活

髙橋美貴

定価800円（本体）＋税

三陸地方沿岸地域といえば、海や川の漁業の印象ですが、一方で後背地には海に向かって迫る森林を抱えています。水運の便が良く、そこには藩有林である御林が設置されます。水産加工業や製塩業などでも薪や炭が消費されます。その森林景観の中で生きた人々の姿と森林の歴史を探ります。

読みがえるふるさとの歴史10　仙台市・石巻市・名取市

仙台藩の海岸林と村の暮らし
クロマツを植えて災害に備える

菊池慶子

定価800円（本体）＋税

東日本大震災の復興事業の一つに、海岸林の再生・整備があります。「海岸林とは何か」。その植林と拡充、管理と運営の歴史をたどります。防災・減災、沿岸部での燃料・肥料・食糧の供給、飢饉時のお救い山、「魚つき林」など、海岸林が人々の暮らしの中に生きている姿を見ていきます。

よみがえるふるさとの歴史11　宮城県白石市

記憶が歴史資料になるとき
遠藤家文書と歴史資料保全

天野真志

定価800円（本体）＋税

東日本大震災以降の歴史資料救済法は、自然災害への備えと地域社会の変動に伴う消失への対応です。近年発見された「遠藤家文書」は中世から近代にかけての歴史資料群がリレーされ、現代に蘇りました。身近に受け継がれてきたものが、公共の価値ある歴史資料に成る経緯をたどります。

よみがえるふるさとの歴史12　宮城県石巻市北上川河口域

大災害からの再生と協働
丸山佐々木家の貯穀蔵建設と塩田開発

佐藤大介

定価800円（本体）＋税

江戸時代の後半、北上川河口のほとりにあった一軒の旧家丸山佐々木家の当主たちは、住民や領主と協働し、飢饉に備えた食料の備蓄や、新たな生業としての塩田開発に取り組んでいました。安心して暮らせる豊かなふるさとづくりに奮闘した、北上川河口に暮らす人びとを描きます。